BRAND名牌志
VOL.61
全新升级版

行家这样买南红

南红玛瑙的购买、行情、辨伪、投资全指南

宝石界投资收藏最红新贵

汤惠民 刘涛 著

北京联合出版公司
Beijing United Publishing Co.,Ltd.

汤惠民

集宝石理论及市场实务于一身的宝石奇才

台湾大学地质研究所硕士，是台湾第一位研究翡翠的研究生。从事翡翠、宝石批发及零售近 20 年，深入中国、泰国、缅甸、日本、斯里兰卡等国家和地区珠宝市场，对整个亚洲地区的珠宝市场洞若观火，尤其在珠宝鉴别方面功力深厚，堪称亚洲地区顶级的宝石专家。

曾受邀在北京大学地空学院研究生院、中国地质大学（北京）珠宝学院、中国地质大学（武汉）珠宝学院、上海同济大学、新侨学院、北京城市学院等院校演讲，接受过中央人民广播电台、北京电视台《财富故事》栏目、北京广播电台、《芭莎珠宝》《新浪尚品》《奢侈品中国》《翡翠界》《中国宝玉石周刊》《钱经》《卓越理财》《大众理财》《东方商旅》等媒体专访，受邀为上海荣宝斋 2012 环球小姐进行课程培训，并担任"爱丽首届珠宝设计大赛"评委。

2011 年，《行家这样买宝石》简体字版出版，长期稳居珠宝类图书中销售第一。2013 年，所著《行家这样买翡翠》出版，一经上市，在短短一个月内跃居网络收藏投资类图书销售榜首，并稳居宝座至今。2013 年 8 月，汤惠民老师正式在清华大学开设收藏家高级研修班课程，指导培养新一代国际化珠宝玉石收藏家。2013 年 12 月，《行家这样买碧玺》上市，现居收藏投资类图书销售榜前列。

博客：阿汤哥的宝石矿物世界
http://blog.sina.com.cn/ytopazs
微博：@ 阿汤哥宝石
微信：阿汤哥宝石工作室
邮箱：1371203421@qq.com

刘涛

资深南红玛瑙投资收藏专家

刘涛，别名刘半山。云南昆明人，现任职于云南省发展和改革委员会，珠宝玉石爱好者，从事珠宝玉石收藏8年。2009年凉山南红玛瑙出现后，醉心于南红玛瑙研究收藏，足迹遍布云南保山、四川凉山地区，走访交流各地南红石商、爱好者、玉雕师、成品批发商、零售商1000余人，收集南红市场最新资讯，首创南红珠饰分级体系。

微博：@ 半山石先生
微信：半山先生
QQ：80426713

先修功夫，适当时机再出手

　　短短四个多月时间，南红玛瑙热度持续加温，初版的数据部分已经无法满足读者，加上市面上云南保山料充斥注胶问题，进口俄罗斯料与非洲料大举进军，抢食这场大饼，业者一窝蜂屯料，刚入行者也被耍得团团转。对于这现象笔者也要对于南红控的粉丝提出衷心建议，不慌不忙，先修功夫，再做功课，适当时机再出手。

　　眼观目前国内市场翡翠、白玉、南红俨然成为市场主力，绿白红这三种颜色也是长期受到国人的焦点。加上青金石的蓝与琥珀的黄，基本上就是这两年炙手可热的宝石。南红玛瑙再次受到关注，就在这短短两年内，电视媒体与杂志书刊报导，俨然形成一股红流。这种无法抵挡的红，宜古宜今，加上手串这两年的大流行，几百几千元就可以上手的基本条件，已经让许多对于翡翠与白玉价格望尘莫及的藏家，起了改收藏南红玛瑙的念头。

　　对于刚接触南红的朋友，吸引他眼球的是红色的魅力与无穷的升值空间。许多学生开始佩戴南红珠链，无论是各种场合都皆宜。男士们除了佩戴手串外，也纷纷加入收藏南红的行列，从摆件到吊坠。这种几百到一两万元接地气的新品种，让许多上班族小资女或者开出租车的师傅，都跃跃欲试。简单来说就是美。搭配衣服或装饰品都会令亲友称赞。这影响力感染了身边的朋友或同事。对于白领阶层、企业老总或者一些土豪来说花一两万来选购南红馈赠亲友或自己收藏，在当下可能就是一个晚餐或者是一瓶酒的开销。

我期待我的读者都能以平常心来看待这刚起步的玉石，如果以历史眼光来看这如婴儿期刚开始而已。爱护它就是不要糟蹋它，不要人云亦云，也不要奢求它多少回报，南红只是身外之物，生不带来，死不带走。南红玛瑙带给你更多的是心灵平静与审美经验的开拓，结交更多志同道合朋友，揠苗助长把价格喊翻天，有一天也会如泡沫般消失，有行无市。

　　对于南红知识，笔者有义务不断更新数据和素材。读者对于整本书质量的要求，我们也会尽一切努力去完成。个人的所学有限，望广大南红专家、前辈、藏友再次不吝指导与督促，也要再次感谢提供资料与图片的朋友，献上我无限祝福，愿上帝祝福大家家庭美满幸福，身体健康。

汤惠民

2014.5.29 于北京端午节前夕

痴自南红来

"半山观石，心目既荡。""心目既荡"源自 1668 年清朝著名学人高兆的《观石录》中的"心目既荡，嗜好为移"，形容接触石头之后陶醉于美石之中，其他嗜好都为之转移的状态。那是什么样的美石，只是半山观之，并未接触，也会令人陶醉不已呢？莫非是那天外来石，必定硕大？答案当然是否定的，这石恰恰相反，大者仅为盆，颜色红艳，出自西南深山，谓之"南红"。而此"半山"也并非彼半山，正是区区在下了。

初识南红其实是在 2009 年初卫网文玩专版，一位网友发的"南红玛瑙"帖子。玩石多年，竟未接触过南红，心存疑问下的好奇，却带来了"心目既荡，嗜好为移"的结果。此后一发不可收拾，先后深入云南保山、四川凉山州展开了南红的探秘之旅，并因工作原因得以在保山长住一年，真可谓与此石的缘分。

南红玛瑙艳而不妖，润而不泄，可谓石之君子也。与阿汤哥其实也是君子之交，相识则是因为阿汤哥的一本书《行家这样买宝石》，抱着一试的心态加了阿汤哥的 QQ 和微博，没想到从此以后亦师亦友。此书得以和阿汤哥一起出版甚是荣幸，期间有过放弃、有过迷惘，但终是坚持了下来，在此衷心感谢阿汤哥和紫图图书优秀的团队。

"痴自南红来"这里的痴并不是狭义的沉迷或迷恋，不仅仅是玩石赏石之乐，实是一种生活状态、一种情分。因为这痴，我认识了诸多南红圈内好友，他们当中有石农、石商，与他们的天南海北、把酒高歌，让我知道这石千万年形成，采之不易，必定珍惜；他们当中有普通爱好者，与他们的海侃胡吹，让我读懂每一块南红背后的故事；他们之中有玉雕师傅，与他们的交流与碰撞，其实就是一次灵感的迸发与创造，让我懂得创造犹如诞生新的生命，需要多么大的勇气和智慧；他们之中有商家，与他们的每一次对话，让我知道其实生存简单而生活并不简单。在此衷心感谢在此书写作过程中给我提供帮助，提出建议的各位好友：南红侠女朱蕾、才子薛晟、美姑色特阿诺、秀姐、北京刘伟利先生、季冬平老师、上海大伟、小明、王明先生，保山韩飞、汪洪浩兄弟等……小弟在此拜谢了！！

刘涛

2013 年 12 月于春城

一切的通胀都是货币现象

经济学家认为"一切的通胀都是货币现象"。近年，中国宝玉石市场"你方唱罢我登场"，各种玉石轮流受到市场热捧，引发一轮又一轮的涨价热潮，从大的背景上也可以说，宝玉石的暴涨背后，货币是最大的推手。

一个宝玉石市场通行的理论认为，货币超发是引发宝玉石涨价一个重要的因素，水放多了，盐自然就淡了。从市场整体看，供需关系是决定这些宝玉石涨跌的核心因素，不过，这些曾受热捧的宝玉石，究竟能涨多久呢？这是许多投资、购买、收藏宝玉石者最为关心的问题。

长远来看，中国经济的发展仍然是稳步向前。增加居民收入、促进消费是未来国家的一个重要政策。需求不断增长，宝玉石却越来越少，许多资源产品枯竭引发的暴涨热潮，宝玉石或许仍然是当今社会的重要投资品种。

中国作为"玉石大国"，具有深厚的文化基因，它们在中国的文化血脉中传承至今、根深蒂固。这些美丽的石头，已经成为了中国人精神物化的符号。所以，我们看到人们佩戴的宝玉石，或许就可以知晓他的性格、喜好甚至品德，这真是博大精深的中国宝玉石文化在世界珠宝业的一个特殊现象。

可以肯定的是，作为中国文化载体的宝玉石，将会有越来越多"有钱人"喜欢它、购买它。它是中国人在满足了温饱、小康之后的精神追求。被世界当作"土豪"的中国人，的确需要了解更多关于中国的传统文化，知道宝玉石的文化内涵，懂得欣赏中国宝玉石的美，不仅仅在于形式，更要领悟这些美丽石头背后隐藏的精神追求和道德含义。"君子无故，玉不去身""玉有五德"，从喜欢、研究宝玉石获得的文化力量，或许至少要比狂热购买带着大大LOGO的奢侈品要好得多。倡导中国宝玉石的文化，在当今浮躁、狂热的社会中，也具有一定的和谐、平衡的意义。

当然，和可以再生的农产品炒作不一样，资源枯竭是中国所有宝玉石品种都面临的巨大问题，寿山石、和田玉、鸡血石、青田石等都已近枯竭，这些游动的资金，瞄准了具有几千年历史的南红玛瑙，自然不足为怪。当然，我们也从汤惠民老师的书中看到，南红玛瑙仍然有面临枯竭的危险，所以，南红玛瑙的暴涨是基于几千年文化基因基础上的资源枯竭的"报复性"表现，为什么称之为"报复性"？因为其他品种都涨价了，南红玛瑙也再难独善其身。

汤惠民老师与我相识多年，我惊讶于他对市场的洞察力。可以说，他是我认识的最具市场实战经验的宝玉石专家。和大多只研究文化和地质的专家不同，研究地质出生的汤老师，深知"实践出真知"的重要性，不仅"读万卷书、行万里路"，深入世界各个宝玉石矿区考察，更另人钦佩的是，几十年来，他一直融入宝玉石市场一线，对宝玉石市场的行情、价格了如指掌。国内讲宝玉石文化的书籍较多，而对宝玉石市场有深入洞见，并形成自己理论体系的，唯见汤老师也！他将自己多年实践心得，提升到理论高度，做成系列专著，相信定能够成为宝玉石爱好、投资、收藏者的明灯。

不管你信不信，在读了汤老师的这本书之后，我又多收藏了几块南红玛瑙。

《翡翠界》杂志社长　叶剑
2013 年 12 月 19 日

稀世珍宝的前世今生

南红，古语中的"赤珠"，乃佛家七宝之一。最早的南红制品见于战国墓葬群，其色红，质地细腻，是我国独有的品种，但因其产量非常稀少，存世的文物数量更是罕见，虽千年来一直为中国人所喜爱，却使普通百姓望而莫及。

然而随着云南、四川和甘肃等地新矿洞的开发，大概从去年开始，市场上南红开始走俏，价格也一路飙升，同属玛瑙类，其价格与人们印象中的平价玛瑙反差很大。目前，市场上的南红收藏热大致分为两类，一类是备受藏家珍视的老南红玛瑙，另一类是新出矿的新南红。可能基于历史文化的原因，南红最先在北方市场反响很好，一年的时间里，仅北京潘家园旧货市场销售南红的商户如雨后春笋，来做南红鉴定的藏家也越来越多，我身为市场的珠宝鉴定师，也亲身体验了一把南红的火热。

我与汤老师相识，是在录制北京电视台《财富故事》栏目的节目时，那时南红在北方市场的高价也让汤老师大吃一惊。当时，汤老师的《行家这样买宝石》在大陆已经非常热销，我与汤老师沟通过目前市场上存在的问题，尤其是人们对南红知识的欠缺，导致南红收藏市场乱象丛生。

作为有着二十多年珠宝市场丰富经验的宝石专家，汤老师也敏锐地捕捉到市场的这一需求。他去了南红产地、加工地及畅销地，做了详细的考察，收集到了大量一手市场资料，还通过与南红藏家的深入地了解，得到了很多珍贵的藏品图片和收藏知识。当我得知汤老师正在为出版这本书搜集资料时，就充满了期待，尤其是看到整本书的书稿后，图文并茂、深入浅出的呈现方式令我印象深刻。

整本书读下来，不仅能够清楚明白南红的历史渊源、种类和产地特征，而且就如我这样工作在珠宝鉴定一线的从业者来说，对目前南红造假的方法、南红雕刻知识以及全国的南红市场情况都有了更全面的认识。书中几乎将目前市场上以假乱真的现象都罗列了出来，还通过图片进行对比，一目了然，方法简便易行。尤其对南红投资收藏知识的介绍和市场数据统计，对于目前的南红市场来说，就像一场及时雨。还有对南红雕工和雕刻大师的介绍也极为精彩，尽管市场上的南红以珠串居多，但是南红虽有美质，如果没有大师们的鬼斧神工，一块南红料也很难体现出其真正的价值，书中众多雕刻精品的图片也令人赏心悦目。

　　这本书可以说是目前介绍南红最权威的书，内容丰富、结构完整，正如书中写到的"多与南红收藏家交流，大家互通消息，提升自己鉴赏能力，每一个人都可以是南红的鉴赏行家"。我也相信，不论你是初级收藏爱好者，还是资深藏家，都能够在本书中学会鉴别南红，欣赏南红，然后有所收获！

潘家园旧货市场有限公司副总　师俊超

2013 年 12 月 16 日

南红北红中国红

国运昌隆，收藏红火。继翡翠、和田玉、碧玺之后，珠宝收藏圈里当下有三类东西正炙手可热，那就是琥珀、青金石和南红。

南红，全称南红玛瑙，古时谓之曰"赤珠"，位列佛家七宝之一。南红玛瑙的使用历史相当悠久，据考证，战国墓葬出土文物即有发掘。然而，由于原矿开采断档等诸多历史原因，多少年来，南红并不为广大普通消费者所了解关注。"南红"这一称谓的出现及其走进大众视野，则是近几年的事。

南红玛瑙，色泽红艳，在众多玉石中独树一帜，这一特点颇为迎合中国人的审美趣味。其质地则如陈性《玉记》中描述的和田玉一般：体如凝脂，精光内敛，质厚温润，脉理坚密。南红媚而不俗，艳而不娇，深度契合国人热情淳朴、含蓄温婉之精神特质。南红原石大料被雕刻师青睐而加以精雕细琢，碎料则被做成珠饰，用于编制项链、手串、佛珠等。近年来，南红雕刻作品在天工奖等各类玉雕评选中屡有斩获，南红珠饰则是各大珠宝古玩市场摊档之热销商品，尤其大热京城。

南红从回归市场至今短短几年间，价格是一路走高，在收藏界"买涨不买落"的驱动下，南红交易正如日中天、方兴未艾。北京十里河、潘家园古玩旧货市场，南红商家占了很大比例。各类媒体也竞相报道南红，于是有越来越多的新手开始关注了解南红。由于历史沿革的原因及来势突然，一直以来，南红玛瑙缺乏系统的文献资料，导致从业者及初入行者无从学习参考。众多南红爱好者只能通过各种途径，获取一些支离破碎的南红知识，而始终不能窥得南红前世今生之全貌。本书恰逢其时，经汤惠民老师历时数月采访考察、研究编撰，得以与大家见面！

我有幸先睹为快，于是抓住这一难得的学习机会，彻头彻尾研读了一遍。本书全面地讲解了南红玛瑙的历史文化，详细说明了南红的矿产分布，以及各自不同地区出产南红之性状鉴别特征，展示了南红的雕刻加工过程，总结了南红商品选购要领。本书以大篇幅推介了当代著名南红雕刻大师，解释了有关行业术语，介绍了南红各地交易市场，这都将有助于促进南红收藏健康有序地发展。书中还辟出专门章节，对"战国红玛瑙"作以介绍，这个玛瑙家庭新成员或许就是明日之星。全书的一大特色，是收集刊载了大量的南红矿石标本及雕刻作品图片，详实生动，通俗易懂，不管从业者还是普通读者，都能通过对本书的阅读，快速成为南红行家里手。部分实物图片还附有当下市场估价，是作者深入市场一线获取的信息，亦具有一定参考性。

本书作者汤惠民先生，是当今珠宝界耳熟能详的知名专家。大约两年前，我与汤老师经由新浪微博相互关注而相识，后以不断的微信交流而熟络起来。汤老师赠送的《行家这样买翡翠》，令我对翡翠有了全新的认识了解。珠宝圈里的朋友都亲切地称汤老师为"阿汤哥"。汤老师是典型的空中飞人，常年往返于中国各地、泰国等地区。作为珠宝界资深学者，汤老师勤耕不辍、著述颇丰，"行家这样买……"系列珠宝丛书拥有大量读者。同时他在基本工作之余积极奔赴各地开课讲学，诲人不倦、桃李芬芳。汤老师为人谦和、治学严谨，从他身上能找到诸多中华传统优秀文化之烙印，是广大珠宝爱好者的良师益友。

近年来，国内珠宝及文玩收藏市场热点不断。当下圈内有曰："错过翡翠之帝王绿，错过和田玉之羊脂白，切莫再错过柿子红……"这柿子红，指的就是南红玛瑙。南红的收藏热潮才刚刚开始，本书的出版，必将对促进南红理性收藏发挥积极作用。我们也期待，来自中国台湾的"珠宝奇才"阿汤哥与博大精深的内地收藏文化激情碰撞，未来诞生更多佳作！

新浪微博最红的珠宝玉石专家 席祯
@翡翠玉石水晶珠宝
2013 年冬至

目录 Contents

入门篇

出门篇

实战篇

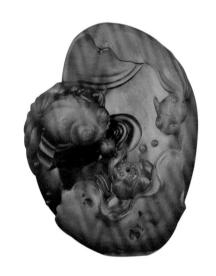

附录

南红玛瑙镶嵌玫瑰金钻石戒指 指导价 3 万元左右（图片提供 红颜赤玉）

入门篇
Ru Men Pian

1 南红名称的由来

❀ 因产自云南保山而得名

关于南红玛瑙（Agate）的名称由来，众说纷纭，最主要是因为古代云南保山出产，故称南红玛瑙。

说起玛瑙，大多数人都会误会成巴西进口染色的红玛瑙。在台湾，玛瑙就是一种工艺品，几十几百块的旅游商品，从巴西大量进口，在台湾做加工与染色处理。直到有机会来到北京，才发现南红的独特魅力，何以让大陆这群哥们儿爷们儿为之疯狂。接触最早就是在潘家园，记得今年初在录北京电视台《财富故事》栏目的一集节目时，与一位粉丝挑选南红玛瑙手串，压根儿没想到一串简单雕刻为翁仲造型的南红手串，要价在4500元。4500台币我都不一定会买。如果是名师雕的手把玩雕件，价位甚至在五万、十几万都有。是什么魅力会让人掏出几千几万去买南红玛瑙呢？为什么在我之前的认知里，玛瑙不过是几十到上百元的玩意儿呢？

联合料女士手串 指导价700左右（图片提供 红颜赤玉）

南红玛瑙戒指，红色较深，够大颗，非常醒目，市场参考价8000元人民币（图片提供 善上石舍）

就在这几集节目后，引发了南红市场的流行热，逛市场购买南红的人越来越多，我也发现在街上佩戴南红项链与手串的哥们儿爷们儿与美女越来越多，这应该是北京特有的文化氛围，看起来就像是清朝时代的王公贵族的基本配备，玩葫芦、核桃、橄榄、菩提的也大有人在。这也是我正式开始融入北京文化的一刻。

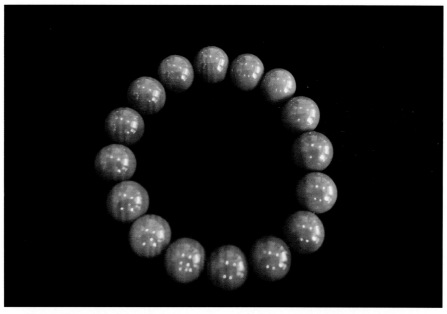

柿子红南红玛瑙手串，颜色纯正艳丽，圆珠饱满，无杂质，市场参考价两万元人民币（图片提供 善上石舍）

2 南红玛瑙的特征

❀ 温润、起胶性

南红玛瑙的质地主要有透明和不透明两种，有些接近透明无色或者红白相间，这在市场上都属于南红的颜色范围。颜色质感为胶质，除柿子红、大红以外的颜色都是由极细小的朱砂点状物构成。这种点状结构，可在放大镜或显微镜下观察，极为明显。除此之外，白色的纹路常有红白颜色伴生出现，这也是许多玛瑙的共同现象。南红玛瑙最常见的共生矿就是白色水晶与玉髓类。

南红玛瑙常具有温润、起胶性。南红玛瑙的"油润"与普通玛瑙的"滑润"有明显的不同，这也正是引起收藏家掏出银两的致命吸引力。南红通常就是佩戴在手上或脖子上，也有手把件，可以随手把玩与保养。在三五哥们儿之间，大家边喝茶、边聊天南地北，说说风花雪月，聊聊明星八卦，最近又买了什么车，哪家餐馆好吃，最近股票又赚了多少，到哪里去玩好。这就是人生，每一个人都懂一些，琴棋书画，讲历史地理都不怕。

保山料108颗珠链（图片提供 韩飞）

柿子红祥龙板指，市场参考价 15000 元

红白料仿古龙雕酒杯，市场参考价两万元

喜上眉梢印章，苏州儒玉轩罗光明作品，市场参考价6万（图片提供 红颜赤玉）

玫瑰红南红珠链（图片提供 永昌南红）

3 南红的历史文化

✿ 中国红的传统

　　如果说南红玛瑙只是红色玛瑙，它的价值只能有一半而已。中国是讲文化典故的民族，老百姓身上有历史情结与传统习俗造就的难以割舍的文化情怀。南红有悠久的历史，这是普通玛瑙无法与之相比的。而红色又是大众喜欢的颜色，在西藏地区也与佛教信仰脱离不了关系，许多藏族群众买不起昂贵的珊瑚，取而代之的是具有地利之便的红色南红。这样说来，南红玛瑙受到一群拥护者喜爱就可以理解了。

✿ 稀世珍宝老南红

　　在战国贵族墓葬中已经发现有南红玛瑙的串饰了。在北京故宫博物院馆藏的清代南红玛瑙凤首杯更为精美，对于研究南红玛瑙制品、雕件的历史、艺术价值具有重要意义，被列为国家一级保护文物。如此一来，故宫重点收藏的珍品，民间收藏家就会如火如荼地加入此类物品的收藏行列。好品相的南红手把件，经过名师的巧雕，就会成为众人追捧的收藏品。

保山料玫瑰红正圆珠手串，南红玛瑙的红色内敛厚重，让人平心静气，积蓄正能量，用来做佛珠再恰当不过（图片提供 汪洪浩）

保山料柿子红龙型雕件，料子好，雕工细腻，遇到这样的雕件，如果价格合适一定要收下（图片提供 汪洪浩）

明清老南红手串（图片提供 周振刚）

明清老南红手串，局部清晰可见纽扣与乳突制式（图片提供 周振刚）

南红玛瑙质地细腻，是我国独有的品种，产量相当稀少，在清朝乾隆时期就已开采殆尽，所以南红玛瑙价格每年都有急速上升的趋势。传说古人用南红玛瑙入药，养心养血，是否真有这功效，还得要有医学实践证明才行。在佛家七宝中的赤珠（真珠）就是指的南红玛瑙。

南红玛瑙在科学上并无完整的定义。其特性鉴定要点，根据中国地质大学北京珠宝学院余晓艳教授的说法，当它对着强光看能够看出红色的地方是由无数个类似朱砂的细小点聚集形成的点状结构，这是 Fe_2O_3 所造成的颜色，这个特点是其他玛瑙所不具备的。

保山料柿子红瑞兽雕件（图片提供 汪洪浩）

4 南红的功效及保养方法

❀ 调理肠胃、平衡负面能量

聪明的商家在贩售南红时也有一套说法。宣称南红玛瑙对消化系统、肠胃蠕动能够起到有效的调理作用，也可平衡负面能量，消除工作上的精神紧张及压力。同时还具有激发勇气，使人达成目标的功效！真有这效果吗？这就见仁见智了。和气生财，美的宝石总是让人爱不释手，大自然给人类留下来的宝物，都需要好好珍藏。本来买石头就是一种缘分，爱一种宝石也不需要理由，不是吗？

❀ 去除表面污垢即可

南红玛瑙属于水晶质，硬度高，基本上不容易刮伤。但是要注意避免互相碰撞。平常保养非常简单，只要去除表面污垢就可以。可用温热水擦拭或浸泡，加一点简单清洁剂用软毛刷子刷洗都可以。

珠子类建议戴在身上用体温与身体油润滋养，这算是最亲密的接触，也会日久生情。另一种是雕件与手把件，就是时常拿在双手上文盘，轻轻搓揉，就会有光泽与油润感。若有沾到油污，就用温水与中性清洁剂浸泡，软刷子清洁就可以。戒面可以滴一点点婴儿油，轻轻在表面擦拭即可。

联合料的南红玛瑙串珠（图片提供 善上石舍）

5 南红的构成、地质产状、产地与矿区分布

南红玛瑙的构成

　　南红玛瑙由于成分是二氧化硅 (SiO_2)，因此玛瑙与水晶几乎都是共生在一起。少部分有二氧化锰入侵，造成树枝状现象。大多不透明，少部分白色透明，红白料上有清楚的缟状纹理。硬度：6.5~7。折光率 1.54~1.56 左右。比重在 2.65~2.66。表面常与空气接触风化，变成艳红色与斑点状的赤铁矿内含物，这与一般的玛瑙可以区别开来，普通的红玛瑙不会有红色细小斑点存在。目前国检、北大与全国各地质检站所开立的证书，都是标示"玛瑙"。不会特别注明南红玛瑙，这是所有收藏者要注意的地方。至于未来如何规范进口玛瑙与南红玛瑙，要另说。消费者只能从纯色的开始下手，通过专卖店选购可能安心一点。

保山料南红手串（图片提供　韩飞）

挑选南红玛瑙珠子，可以先从纯色入手（图片提供 追唐）

南红玛瑙地质产状

南红玛瑙根据产地不同，有不同的地质形成原因。

✿ 凉山

凉山南红，由火山爆裂式喷发到地表，经过地壳变动，二氧化硅充填裂隙形成。经过河流搬运冲刷，到下游堆积而成。由于经过淘选，大多呈球

美姑挖矿矿井现场（图片提供 色特阿诺）

美姑矿区冬季出现雾凇
景观（图片提供 色特阿诺）

人们淹没在雾中劳作，出
矿了就是晴天（图片提供 色
特阿诺）

挖矿工人通过软梯出入矿
井，站在井上的人用滑轮不
断将土运出，这种劳作方式
的效率极低（图片提供 色特
阿诺）

矿工用树枝、塑料布及一层棉垫子搭建起来的睡觉的棚屋（图片提供色特阿诺）

在离矿井不远的地方简单起草的伙食，挖矿是苦力活，一定要有肉（图片提供色特阿诺）

美姑玛瑙原石（图片提供 色特阿诺）

状，如马铃薯大小，最大可以大到小畚箕大小。目前凉山美姑县政府准备以公盘方式拍卖（类似黄龙玉拍卖），提高南红的价钱，也可以形成一个市集，县里面也可以增加税收与管理。凉山南红纯色料非常少，约只有十分之一，颜色鲜艳者更少，只有百分之一。2013年12月份的价格已经比上半年涨百分之八十。冬天天气气候恶劣，彝族人过春节，凉山山上路面结冰，交通非常不方便，都是夜里偷偷上山开采，为了开采南红丧命者常有所闻。

❀ 保山

保山南红，由几百万年前火山喷发溢流出地表，二氧化硅成分充填在裂隙里所形成。经过造山运动与风化作用，部分搬离了原来的产地，随着河流沉积在黄土层或红土层中。随着时间的演进，有的在山坡上、有的在田里，有的在土堆里慢慢被农夫发现。部分在表层，部分在几公尺深的土壤里。由于经过搬运，所以出土时以片状、块状、砾状、球状等形式存在。由于长期受到风化，表皮几乎氧化成深红色，类似于玉皮，看不透内部新鲜的肉，通常得敲碎一小块才可以知道内部的颜色状况。表层的南红质量较差，裂纹多，黑白色杂质也多。多数南红原石大如拳头，小如鹌鹑蛋，部分是片状。由于当地杨柳矿区是水源保护区，当地政府已经禁止开采以防破坏生态，但是一些石农会利用晚上用锄头或铲子挖掘。小面积与小产量居多。一方面偷开挖，一方面要躲避警方稽查。成品都以珠子为主，质量好没杂质的，价钱也不便宜。

保山杨柳矿区，当地人依山而居，山路崎岖，不是四驱的车就不要考虑自驾了

保山杨柳矿区位于半山腰的矿洞

保山杨柳矿区，散布在山腰和田地里的砾石，在更早的时候人们能从中捡到漏

保山原矿（图片提供 汪洪浩）

❀ 老矿

老南红在悬崖上挖出来，一团一团出现，地势陡峭，开采时冒着生命危险，几乎是卖命。现在几乎没有开采。目前老矿的价钱相当高，几乎都是早期开采遗留下来的。

南红玛瑙主产地

根据国内地质调查的结果，市面的南红玛瑙主要产地为云南保山和四川凉山的新矿。云南保山产的南红玛瑙（就是老南红玛瑙的原产地），质量比老南红稍微差一些，肉眼看胶质感差一些。老南红古时候主要是在悬崖峭壁上开采出来的，现今保山料是在矿山洞穴里面开采挖掘出来的。目前保山料最大的缺点是多裂，不容易有大料做雕件，多做成珠子料。南红的另一产地便是四川凉山，颜色和云南保山略有区别，主要产在瓦西、九口、联合等矿区，具有樱桃红、玫瑰红、柿子红、柿子黄等多种不同颜色，较易出拳头大小的手把件料。除此之外，甘肃也有产柿子红、正红、浅红等，不过市面上比较少见。

❀ 云南保山南红玛瑙

云南的保山，目前仍然供应着新南红制品的原料，南红原矿传闻在清晚期绝迹，实际上现在仍有零星遗存原矿供应市场加工。也有人说原来的老矿已经荒废好几十年了，目前保山南红都是新矿坑所出。我们在市场上看到的诸多的所谓"柿子红"南红就是产自保山。

保山原矿，胶质感强，红色醇厚鲜艳，是最好的南红原矿（图片提供 汪洪浩）

保山杨柳矿区自
然景观神奇秀美、资
源丰富（图片提供
季冬平）

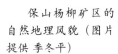

保山杨柳矿区的
自然地理风貌（图片
提供 季冬平）

在杨柳矿区还是
可以见到这样的拾矿
人（图片提供 季冬平）

杨柳矿区的南红坑口

杨柳矿区，在陡峭的
山脉上，还有陈旧的采矿
设备残存

杨柳矿区当地采矿的
人临时搭建的棚屋

保山料柿子黄金鸡独立雕件（图片提供 汪洪浩）

保山南红原石多裂是其一大显著特征（图片提供 汪洪浩）

❀ 四川凉山州美姑南红玛瑙

凉山州玛瑙是近年新发现的南红玛瑙矿石。

美姑玛瑙成了奇石玩家们追捧的对象，开始大量地收购屯货。远到北京、上海、深圳、广州、福建，近到成都、西昌及周边县市的投资大户，都不辞千里来个长期抗战，在西昌、昭觉等县城长期租房进行大批量收购，谁能控制货源，谁就能大声讲话，想涨多少就看今天心情，只要喊出封矿不出货了的消息，南红自然会死命地涨。这是几千年来老祖宗一代一代流传下来的生意经，套在每一种宝石上都相当好用。

四川凉山美姑玛瑙原石（图片提供 善上石舍）

四川凉山美姑玛瑙联合料手串，比九口料要透，红色较浅，市场参考价1000~1500元（图片拍自 北京潘家园旧货市场）

四川凉山美姑玛瑙手串，市场参考价 1500~2000 元（图片拍自 北京潘家园旧货市场）

四川凉山美姑玛瑙手串局部，可见火焰纹（图片拍自 北京潘家园旧货市场）

年年有余雕件（图
片提供　翠微雕刻艺术）

❀ 甘肃迭部

　　甘肃迭部产的南红简称甘南红，甘南红色彩纯正，颜色偏鲜亮，色域较窄，通常都在橘红色和大红色之间，也有少量偏深红的颜色。其中的雾状结构出现的概率较少。无论是红色部分还是白芯，都有更好的厚重感和浑厚感，相对类似于水彩颜料。一般认为甘南红的质量是南红中最好的。

　　云南保山、四川凉山、甘肃迭部三大主要矿区产地也是根据时代的变迁交替消亡的。明末清初绝矿，后来的藏饰大多用红珊瑚代替！滇南红在清人入关时达到鼎盛，一度由督造府重兵把守，为皇族御用矿脉。现在故宫博物院仍珍藏有清中期南红玛瑙凤首觥。之后南红玛瑙一度退出了人们的视线，直到 2009 年在四川凉山彝族自治州西昌市美姑县九口乡重新发现矿脉至今，南红玛瑙又一次历史重演式地一发不可收拾。

甘南红手串，市场参考价 1000~1500 元（图片拍自 北京潘家园旧货市场）

6 南红的种类

依照颜色区分

从色相上来归类，迄今为止最普遍且公认度比较高的色泽排序是：锦红，柿子红，玫瑰红，樱桃红，水红，冰飘红，红白缠丝。

锦红： 国旗色，正红，不偏黄、不偏紫，是南红色彩中的帝王之色，产量稀少、如果有幸遇到，价格又合适，一定不要错过。

锦红原石（图片提供 色特阿诺）

柿子红：顾名思义像熟透了的柿子颜色，黄中带红，红中泛黄。据笔者所知，柿子红是一类颜色的集合体，包括了从锦红（正红）偏黄色调到柿子黄之间的所有过渡颜色。柿子红中红色调越浓越珍贵（下面是走红的柿子红和走黄的柿子红对比）。

柿子红原石，肉质偏红色调（图片提供 色特阿诺）

柿子红原石，肉质偏黄色调（图片提供 善上石舍）

玫瑰红：顾名思义，犹如绽放的玫瑰颜色，红中带紫，紫中泛红。据笔者所知，玫瑰红也是一类颜色的集合体，包括了从锦红（正红）带紫色调到紫色之间的所有过渡颜色。玫瑰红中红色调越浓越珍贵（下面是走红的玫瑰红和走紫的柿子红对比）。

玫瑰红原石，肉质偏红色调（图片提供 色特阿诺）

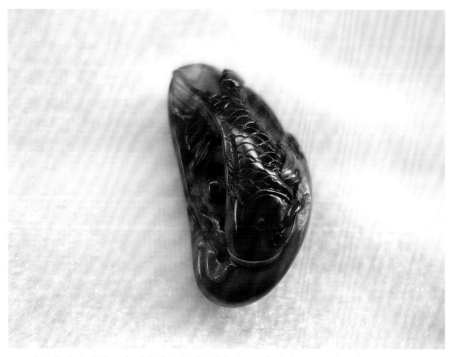

玫瑰红小鱼雕件，肉质偏紫色调（图片拍自 北京潘家园旧货市场）

联合料柿子红春意盎然吊坠（图片提供 刘涛）

玫瑰红谢谢吊坠，雕工精美，创意好

柿子红（莲子）玫瑰红（莲蓬）清廉雕件（图片提供 刘涛）

樱桃红：颜色类似熟透的樱桃，色浓，打光可见细密朱砂点均匀分布，这类珠饰多为凉山联合料产出，保山新矿亦有一定产出量，多用于做戒面。同样因产量稀少，而有较高收藏价值和升值空间。

上海资深藏家 岳铁玮先生藏品 极品联合料樱桃红《中国式美女》苏州儒玉轩罗光明作品

联合料樱桃红原石（图片提供 刘涛）

樱桃红珠链 联合料（图片提供 善上石舍）

水红：水红在保山料和凉山联合料中较为常见，肉眼可见朱砂密集分布，质地通透。水红是包括红色至灰红色的一类集合体，以朱砂密集度和灰色调的多少来判断水红料的等级。其中以灰色调最少、朱砂最密集的樱桃红最为珍贵。

水红料手串，红色有些发灰，颜色鲜艳度欠佳，市场参考价 每串 300~500 元（图片拍自 北京潘家园旧货市场）

冰飘红：朱砂成带状或团状分布，质地通透，类似翡翠的冰种飘翠。其中以鸡血冰飘最佳。

左侧为冰飘南红手串，市场参考价 每串 100~300 元（图片拍自 北京十里河古玩市场）

红白缠丝： 红色和白色呈层状或者交织形成规律或不规律的条状花纹，其中以红白分明或交织图案美丽的原石最为稀少。

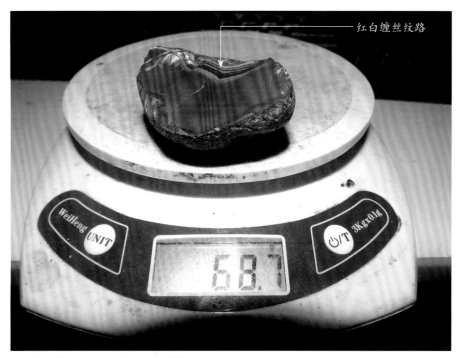

红白缠丝纹路

缠丝料原石（图片提供 刘涛）

红白缠丝料龙纹板指，市场参考价 1 万元

红白相间的纹路是缠丝

缠丝料南红原石（图片提供 刘涛）

依照产地区分

按产地南红原石分为保山料原石，川料原石，甘南料原石和金沙江料原石。

❀ 保山料原石

保山料原石是最早发现并运用的南红原石，《徐霞客游记》有文记载，此文不做赘述。虽然笔者在不同资料看到记载说保山南红原矿被认为于清晚期绝矿，但从现有开采情况来看，笔者更认同高品质矿脉基本绝矿的提法，现在保山仍可发现一定数量的遗矿供现代人开采加工。另外近年，在保山和大理交界地域发现了新的矿脉，只是普遍品质不高。保山料特点是多裂，不出大料，色域较宽，覆盖了几乎所有南红颜色种类，普遍用于加工珠饰。当然，高品质保山料以其质地温润、宝光内敛受到广大藏家追捧，可以说一石难求。（如下图）

保山料南红原石，富有脂感，红色较艳，多裂（图片提供 汪洪浩）

保山南红原石，因其多裂的特性，不容易出大件，因而鲜见保山料大型雕件（图片提供 汪洪浩）

✿ 川料原石

川料原石是近年在四川凉山州发现的南红玛瑙原石，矿脉主要分布于凉山州美姑县并且向东延伸至云南昭通交界，目前高品质的川南红原料主要出自美姑县的九口乡和瓦西乡。川料原石特点是外表黄黑犹如马铃薯，完整度好，能出大料，色域很宽，所有南红颜色在川料中都能找到，普遍石性较保山料重。目前市场上的成品雕件90%以上是川料。

川料原石 九口料，颜色属天然柿子红（图片提供 善上石舍）

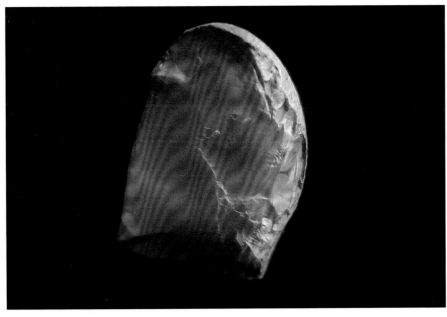

大开口川料原石 九口料，颜色属天然柿子红（图片提供 善上石舍）

川料原石瓦西料，肉质中间红色较深的地方为玫瑰红，周围相对较浅的部分为柿子红（图片提供 刘涛）

❀ 甘南红

甘南红全称甘肃迭部南红，老甘南红料基本已经绝迹，目前在甘肃发现新矿，但经过笔者调查，出矿位置严格保密，类似"西安绿"。只知道叫"西安绿"，是否出自西安或者西安哪里就不知云云了。

老甘南红色彩纯正，颜色鲜亮，色域较窄，通常都在橘红到大红之间。目前发现的甘肃南红新矿普遍质量不高。

❀ 金沙江料原石

金沙江料原石是由于特殊的自然条件形成的，不是某一矿脉区域，因此在产地介绍中并未提及。一般认为的形成原因是云南、四川南红矿脉原石由于风化侵蚀脱落经过雨水冲刷散落于金沙江流域的水冲料子，行内也称南红水籽。特点是不出大料、表面有丰富的指甲纹，普遍质地较通透，色域较宽。

水仔料（图片提供 蜀玥轩）

金沙江水仔料，肉眼可见表面丰富的指甲纹（图片提供 蜀玥轩）

指甲纹用箭头标出来

金沙江水仔料，右侧的小料又可称为"雨花石"（图片提供 蜀玥轩）

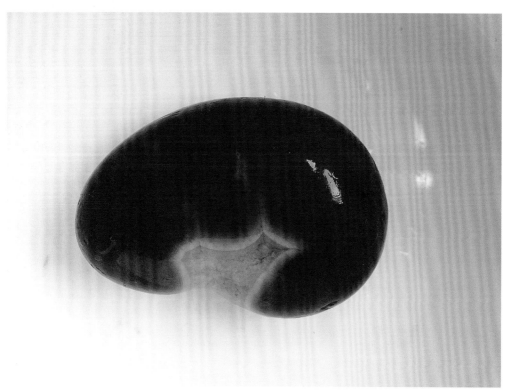

金沙江水仔料，通透的红色质地，很是诱人（图片提供 蜀玥轩）

依照性状分类

南红玛瑙原石在石农和石商的交易实践中形成了不同的俗称，笔者按照性状总结将其分为包浆料原石、墩子料原石、收紧料原石和其他原石四类供读者参阅。

包浆料原石 外层包着有别于内部玛瑙的矿物层，产量稀少，多见于川料。据了解，包浆料原石是由喷射型岩浆形成即冷却的玛瑙矿物（包浆）在下落过程中遇到向上喷射的岩浆，包裹后形成包浆层。其特点是包浆肉质细腻，颜色鲜艳。目前较好的包浆料原石价格较高，而且价格还在

异色包浆

持续上涨中。包浆料原石按照包浆层的不同，分为乌石包浆料和异色玛瑙包浆料，按照包浆层包裹程度又分为全包浆料和半包浆料。（图片详见包浆原石）

乌石包浆料（图片提供 薛晟）

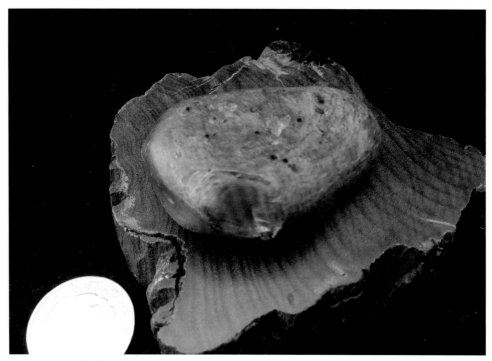

异色包浆料（图片提供 薛晟）

半包浆料（图片提供 薛晟）

全包浆料，小开口料的赌石，开口看到的肉质并不能代表里面的品质，也许会有缠丝，或者红白料（图片提供 薛晟）

墩子料原石 南红原石形成过程中，形成厚实，类似墩子的外形，俗称墩子料。其特点是形状规整、厚实，是赌石玩家比较喜欢的料子之一。

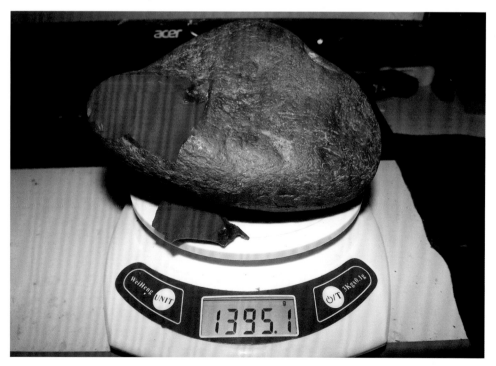

墩子开口料（图片提供 色特阿诺）

小开口墩子料（图片提供 色特阿诺）

收紧料原石 南红形成过程中，地壳运动挤压，在原石表面形成明显的同一方向纹路。其特点是质地紧密、细腻，但往往要注意裂纹，也是赌石爱好者的好选择。

其他原石是除以上性状外的原石，大自然千变万化，鬼斧神工，笔者就不再赘述。

收紧料小开口原石（图片提供 刘涛）

7 南红鉴别

老南红与新南红

❀ 老南红产地

南红玛瑙是因其产地而得名的，老南红具体产地只有云南和甘肃，南红很早以前就被人们开采利用，并可以称呼为"赤玉"。2009年在四川发现有红玛瑙，因在南方，目前也被称为"南红"。

云南保山产的南红玛瑙（即老南红玛瑙的原产地），有质量不错的很接近老南红的，但是和老南红相比胶质感差一些，还是和老南红有些区别。老南红古时候是在悬崖上开采出来的，保山料是矿洞里面开采出来的。高端的保山料颜色红润，但缺点是多裂，不容易出大件料。老南红主

老南红籽料、老南红纽扣配蜜蜡颈链。明清时期的云南，流行纽扣制式的南红串珠（图片提供 周振刚）

藏式算盘珠型手串（当代）（图片提供 周振刚）

要指的就是甘南红和保山南红的老坑料。

甘肃的迭部，这个区域的老南红珠子的密度异乎寻常的高，并且具有地域辐射性的特点。据一些回忆录性质的记载表明，北京首饰公司20世纪80年代曾经在迭部开过矿，尽管我们认为这类开矿基本就是表面捡拾的方式，但是仍然可以基本认定这是一个南红的重要产地。

近年来有一种新料渐渐被人挖掘，就是2009年前后出现的"川南红"，也就是四川凉山出产的南红玛瑙，颜色和云南保山略有区别，有九口、瓦西、联合等多个矿口，具有柿子红、玫瑰红、樱桃红等多种不同颜色，较易出大件。

云南主要大矿挖完，现在又找到了新矿脉。南红最早在汉代有记载，汉代做成乳突、贝币，佩戴在服饰上，象征身份、地位与财富。明代主要的老南红饰品主要是纽扣、袖扣、帽镶，之后用南红来代替珊瑚这种有机宝石，做成藏传佛珠。清代出现牙刷棒、烟嘴等，也用来做成小摆件、山子等，因现在矿少了，现在做成此类的也少了。

❀ 如何区分新老南红

看风化纹

老南红有，新南红没有。老南红历经时间久远，摩擦或撞击及久置空

66

气中而在表明形成风化纹，新南红不存在这个问题，因而没有风化纹。

看孔道

商家骗你说老南红必是喇叭口，对打孔，其实是为了自己造假方便。汉代以后打孔技术就已经是打直孔了。明清时期的南红珠子，如果还是喇叭口或者对打孔，就可以基本判定是假的。

❀ 新老南红价值

老南红本身材质好，历史久远，再加上独特的制式和沧桑的外观，因而价值较高。以现在保山柿子红为准，保山料是川料价格的两倍到三倍。决定老南红价值的因素除材质外，还要看它的历史年份，年代越久远，价值越高。笔者曾在大理的商品街看到一串老南红珠串，要价40万，从某种程度上来说，老南红的价格与翡翠持平，但是翡翠若有瑕疵不被玩家接受，价值大打折扣，而老南红有裂或破损还是可以被玩家接受的。

南红贝币颈链（8粒）配老砗磲珠。贝币为秦汉时期制式，与三星堆博物馆所藏相同，老南红有无包浆存疑 对包浆进行解释（图片提供 周振刚）

清代老南红配水晶，朝珠制式（图片提供 周振刚）

清代老南红配水晶（局部），朝珠制式（图片提供 周振刚）

保山料与联合料区分

众所周知，由于保山料南红玛瑙产量更加稀少，市场上同等品质的保山料南红玛瑙的价格往往高于川料南红玛瑙。这就有读者要问那如何区分保山料南红玛瑙和川料南红玛瑙呢？其实一个简单的区别标志就是朱砂点，保山料南红玛瑙在强光下肉眼可见朱砂点分布，而川料南红玛瑙是无法看到的（联合料除外），另外一个参考因素就是保山料原石裂多，而川料裂少。

那么笔者在这里就不得不提一下四川凉山联合乡出产的 类特别的料子，其特点类似保山料，一样有朱砂点分布，人们通常叫联合料。由于利益的驱使，市场上用联合料冒充保山料卖高价的情况屡屡出现。那么如何区分保山料和联合料呢，经笔者走访发现其一是**保山料强光下朱砂点细密均匀**，优质保山料朱砂点甚至致密到了极致，反而不易看出。而**联合料朱砂点则更大更不均匀**，甚至只是透光就能看到大大小小朱砂点分布。其二是看宝光，优质**保山料往往宝光内敛，不娇不媚**，而**联合料则光芒外放，略显娇媚**。

比较这两块原石，明显是右边的保山料原石裂多，因而这也是鉴别川料与保山料的一个方法

当然保山料和联合料的区分绝不是如此简单，因为笔者发现少量极品联合料其质感直追极品保山料，上述方法是完全无效的。这就是笔者不太赞同用地域来衡量收藏价值的原因，所谓英雄不问出处，就是这个道理。在我看来，极品俄料白玉价值绝对大过普通和田籽料白玉，希望大家在收藏实践中不要盲从。（下图中的极品联合料，质感与保山料没有任何区别，无论从胶脂感还是颜色无不具备保山优质南红原料的特点。）

联合料柿子红原石（图片提供 刘涛）

保山料柿子红原石（图片提供 汪洪浩）

南红玛瑙与普通玛瑙区分

大家在实践中一定会遇到这样的问题，南红玛瑙和普通玛瑙有什么区别？据笔者了解，南红这个称谓不知从何时开始，但它的确不是一个矿物名称，而是玛瑙前面的一个定语，是一个缩小的概念。也就是说南红是玛瑙，但不是所有玛瑙都是南红。大家可以从几方面来加以区分：

从质地上来说，南红玛瑙体若凝脂、宝光内敛，是传统和田玉的感觉。

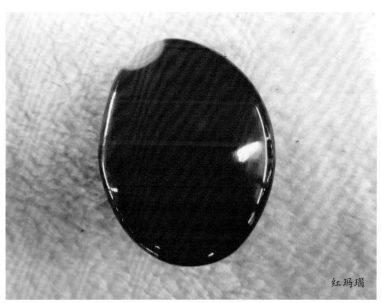

红玛瑙

相比红玛瑙而言，南红玛瑙的红更内敛、实在，因低调而弥足珍贵

南红玛瑙戒面

红玛瑙蛋面

南红玛瑙缠丝料仿古龙雕酒杯

与红玛瑙相同的是，南红玛瑙也有一些纹路，只是出现了红白交相共生的特质，因而叫缠丝料

普通玛瑙则晶莹剔透、光泽外放，是玻璃的感觉；**从颜色上来说**，南红玛瑙要落在一个红字上，其色域限于红色至趋近于无色这一区间，但必须带红。普通玛瑙则没有局限，各种颜色都有。大家在购买时可以多观察、多上手，注意对比。

南红玛瑙与红珊瑚区分

❀ 看蛀孔与白心

基本上对于初学者，玫瑰红南红类似 MOMO 珊瑚或阿卡珊瑚的颜色。珊瑚大多不透，珠子内侧有时候可以看到蛀孔与白心，表面部分可见有年轮。南红玛瑙通常没有蛀孔，也不会有白心，不会有年轮，会有缟状白色纹理。

❀ 做强酸试验

珊瑚属有机质，主要成分是碳酸钙，比重在 2.5~3.09 左右，主要有许多孔隙。把南红玛瑙与珊瑚珠子放在手上掂一掂，恐怕不容易区分出来。珊瑚溶解于强酸，需要常用清水保养，南红玛瑙对于酸碱比较不怕，相对保养起来方便。珊瑚硬度低，只有 3.5~4，小刀很容易刮伤。而玛瑙硬度在 6.5~7，通常小刀划不出痕迹。

天然的珊瑚都会有一些蛀孔和白心

阿卡珊瑚项链

Momo 珊瑚胸针

Mmo 珊瑚吊坠

（图片提供 大东山）

南红玛瑙珠链，比起红珊瑚质地要更通透一些，市场参考价 1500~2000 元

南红玛瑙算盘珠，有的珠子之中能够看到规则的白色纹路，但明显区别于红珊瑚的白心，市场参考价每颗 30~80 元（图片拍自 北京十里河古玩市场）

❀ 看颜色与光泽

有经验的商家与买家就可以靠颜色与光泽区分出珊瑚与南红玛瑙。主要是南红玛瑙表面会呈现温润与油性质感，玩家可以多看，自然就可以领悟出一套道理（珊瑚折光率约1.53~1.68，而玛瑙折光率在1.53~1.54左右）。

南红玛瑙与红碧石区分

❀ 打光看光晕

红碧石是与南红玛瑙矿伴生的矿物，俗名又叫鸡肝石。红碧石原石与南红玛瑙原石较好区分，红碧石发干、缺少光泽、没有玉质感、强光电筒照射不透，无光晕扩散。南红原石则有润泽感，打强光电筒能看到1~2厘米的光晕扩散。但是很多商家摆摊时会把红碧石成品和南红玛瑙成品混在一起，比如串在同一串手串中，那你很有可能会疏忽走眼。高品质红碧石打磨抛光后和南红玛瑙很是相像，串在一起不分伯仲。如果在地摊淘货，因为有强烈的阳光，往往强光手电会失效。

❀ 看玉质石性

怎么不用强光手电就可以分别红碧石和南红呢？其实很简单，看孔眼，红碧石的孔眼石性很重，就如同在砖头上钻一个眼，颜色过于实，而南红孔眼部会有凝脂一般的感觉，也就是我们常说的玉质感。

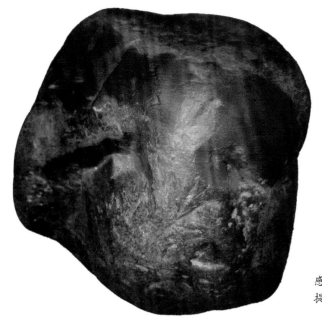

红碧石干实，没有透感和脂感，像砖头（图片提供色特阿诺）

琉璃染色手串，20元一条。酷似南红，不认真看的话，左边那两串还真有点以假乱真的感觉

南红玛瑙与烧色、染色玛瑙区分

目前烧红玛瑙在市场上还比较少见，因为较容易分辨，多用于冒充普通红玛瑙。烧红玛瑙通常用青绿玛瑙加热而成。原理是将青绿玛瑙中的二价铁离子通过加热转变为三价铁离子，颜色则由青绿色变为红色。在收藏圈内，烧红玛瑙又叫东红玛瑙，大家可以从以下两方面加以区分：**从颜色上来说**烧红玛瑙红色发暗、浮于表面，温度掌握不好会有明显烧斑；**从质地来说**烧红玛瑙质脆、打光朱砂不匀，高倍放大镜下观察有火劫纹。

烧红玛瑙要求玛瑙本身含有二价铁离子，而染色红玛瑙则是通过化学处理使得含铁元素侵入天然玛瑙内部加热而成。通常使用硝酸类溶液浸泡氧化，然后加热使其呈现红色。这种染色方式很多老手都会打眼，如果卖家和你强调这个南红为正宗云南保山樱桃红的时候就要小心了，**看的时候注意打光看朱砂均不均匀**，再看质地有没有胶质感，染出来的料是没有这种性质的。因为南红玛瑙无论水头有多好，都会有这种黏稠的胶感，哪怕是接近于无色的料都是有的，这点很重要，请大家一定注意，别打眼。

　　染色红玛瑙手串，与南红的玫瑰红色调非常接近，但红色过于艳丽轻飘，肉眼感觉不自然，市场参考价，每串 10~20 元（图片拍自 北京十里河古玩市场）

南红玛瑙注胶与封蜡

　　注胶是南红近代开始出现的一种优化方式。注过胶的原石较易识别，在外层有一层透明包裹体，间有细小气泡存在。雕刻后的注胶南红肉眼较难识别。仔细观察会发现在内部有细如丝线的透明线纹。通常这种透明线纹较为平直，一般贯穿的幅度较长，甚至贯穿整体。这种透明线状纹和南红中的天然纹理有一定区别，是伤裂环氧胶填充后产生的。

　　封蜡是在南红表面涂抹一层均匀的蜡质，然后稍微加热打磨而成。封蜡通常用于成品，可以填充细裂使质地较差的南红看起来鲜亮润泽、胶质感强。封蜡的南红成品佩戴一段时间后，往往会显露出它的真实面目。鉴别方法很简单，用打火机烤烧，如有生蜡味或者油脂渗出则为封蜡南红玛瑙。

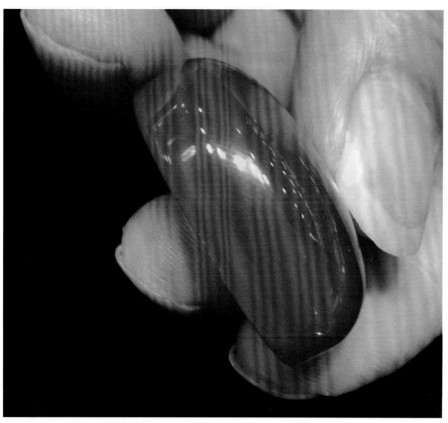

　　戒面的侧面能够看到不同颜色的夹层，因为当事者没有仔细看内部是否有气泡，否则就能判断是否真的为夹层的南红（图片提供 ROSE 姜）

　　打白光下，戒面内部出现鱼鳞状结构，怀疑为水热法合成水晶染色，来仿冒保山料。请读者在购买时要多留意（图片提供 ROSE 姜）

用紫外线荧光灯打在南红外表，看看是否有荧光反应，如果是表面一个点就是没有灌胶，如果光点晕开成为一整片，就是已经灌胶的

打火机点火距离南红一两公分，烧3~5秒，如果呈烧焦、冒黑烟的状况，就是灌了胶。购买前请询问店家是否允许做实验，以免造成纠纷

放到鼻子前闻闻是否有烧焦味，闻到焦味就是已经灌了胶

南红料器

南红料器其实就是含铅玻璃，玻璃的成分是二氧化硅，通常呈现透明状，但加入不同的矿物颜料就可以配出多种颜色，这个我朋友朱蕾比较有研究。她专门研究过人造星光水晶，并取得国家专利，烧制出来的人造水晶有珠宝星光的效果。市面上流通的南红料器多出自河南一带，正面柿子红，背面还有一些玫瑰红，做得比较像，打光透，颜色死、无胶感，初级玩家很容易被骗。所以笔者建议初级玩家千万不要抱着捡漏心态进入南红市场，成色好的雕件都在大几千，别想几百元拿下来，那样多半是被骗了。下面是好友朱蕾做的南红料器试验记录，请大家仔细观察区分。

高仿南红实验大揭秘

随着南红市场的持续升温，市面上出现了一种新材质高仿南红，特点是外表几乎为完美艳丽的柿子红，有胶感，好多业内行家都打了眼。下面是我委托好友朱蕾做的高仿南红试验记录，请大家选购时谨慎。

远方的朋友打电话说，对他收的珠子很疑惑，很多商家和所谓高手都鉴定为真货，说叫我帮着看看。几天后我收到了顺丰寄来的珠子，大家看看吧，很美貌是不是，这个红的确可以叫很多人为之倾倒。

　　收到珠子我第一感觉是假的，因为太过于美艳了，自然界过于美丽的东西往往都隐藏着巨大的阴谋。但是翻看我的料子感觉这个结论也不太成立，看下图的对比。

　　色艳的料子并非没有，但是这种艳显得更轻浮一些，具体说不好，多接触才会有体会。第一次拿到后手感涩，但是当特意去拿的时候就感受不到什么了，似乎和以前我的那些珠子没有差别。但是再仔细看还是感觉哪里不对头。

待鉴别的珠子与南红珠链的对比

透明圈

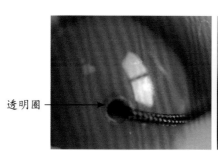 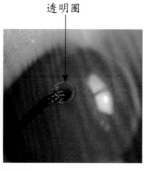

透明圈

待鉴别的珠子孔道处有一层透明圈

南红玛瑙珠子孔道
处没有透明圈

仔细看珠子的孔道，发现一些端倪，有没有注意到，珠子的孔道有一层透明圈。

其实，我接触的材质很多，有些发明成果，还申请过国家专利，玻璃的材质也接触过，做过专门用于珠宝的人造水晶，也接触过树脂。当时我判断是高温硬质树脂，因为用火机烧，牙机打磨都无塑料感，但是具体是什么，真的说不准。我的推测是琉璃。

我打算拿锤子砸开一颗，看看端倪。敲开以后看内部结构，明显是染色并且是打孔后又做的处理，孔道处也是柿子红，这个就揭秘了为什么打光全透，并且是橘黄色的光。而南红是红色的光。

但是什么染色的，是琉璃染色，还是其他什么石头的呢？我打算拿电窑烧一下。

电窑

用锤子砸开珠子看个究竟　　　　　砸开后的珠子，呈现出并不一致的色肉

　　我把碎片放到窑里面，温度设置为840°，要知道二氧化硅玻璃的熔点在700°，900°就可以达到水样的状态，而含铅玻璃的熔点在600°，不到800°就可以达到液态，所以840°可以看出它到底是什么了。同期我把一片南红原石的碎片和一片普通烧色玛瑙的碎片放到电窑里面一起烧，想对比一下烧出来的结果。

　　经多年经验推断，要等实验体完全冷却以后才能显出最后的颜色，而且是玻璃或树脂塑料一类的可能性已经排除，此类东西在840°高温下，早就融化得没有原型了。

　　完全冷却后的实验结果，实验主体珠子碎片，已经完全变成白色了；中间的南红原石则更加红艳，但天然石头高温下会炸裂，所以变成两半

未放电窑之前的南红原石片

了；而烧色的巴西玛瑙也变成白色。所以我推断应该是一种处理过的玛瑙，其实南红现在价格飙升，很多鸡鸣狗盗之徒，都开始动歪脑筋，但新玩家也不用害怕，多学习下还是不容易上当的，不能因噎废食啊。

（以上试验记录者　朱蕾）

特别感谢朱蕾女士提供图片和文字与读者分享

左侧为实验主体鉴定珠子，中间为炸成两片的南红原石片

鉴定珠子在高温下碎裂变白，推断应是一种处理过的玛瑙

在高温下变得更加红艳的南红原片石

左侧为烧色的玛瑙，右侧为南红原石

8 南红的雕工

雕刻加工特点

❀ 川料的出现掀起南红雕刻风

保山产南红是历史上运用最早、最广泛的南红原矿，历史上大量用于雕刻。北京故宫博物院馆藏的清代南红玛瑙凤首杯、云南博物馆馆藏的古滇国南红饰品都是保山南红玛瑙。

近代以来，由于高品质的保山原矿资源枯竭，使得保山南红只能大量用于珠饰加工，少有高品质的摆件和雕件作品问世，南红玛瑙渐渐成为小众藏品，脱离了主流藏家视野。川料南红原矿的发现，弥补了保山南红的空白，以其完整的料性和丰富的颜色受到各大工作室青睐，并在玉石雕刻界兴起了南红雕刻旋风，近年更是在国内各大玉雕奖项中屡获殊荣。

❀ 南红比翡翠白玉更吃刀

据笔者了解，南红雕刻相比翡翠和白玉来说，特点是雕刻更吃刀，线条更好找，成品富有表现力，特别是南红的俏色，特有的纹理，利用好了会有出奇的效果。但南红也有玛瑙的一样特点，就是脆性。通常来说冻料脆性最大，其次是玫瑰红，柿子红韧性最好。

红白料母子雕件（图片提供 王明）

❀ 南红的脆性与内部材质的不可预测

另外由于南红原石大多外形不规整，内部千变万化，雕刻时往往会出现意料之外的情况，比如表面无裂，雕刻到内部却出现裂纹，原来是柿子红，深入雕刻进去就出现玫瑰红、水晶、缠丝等变化，处理比较困难。因此南红雕刻，原石剥皮修型一定要彻底，以便观察揣摩内部变化。这也就

玫瑰红南红玛瑙观音 叶海林创作 市场参考价1万元人民币（图片提供 善上石舍）

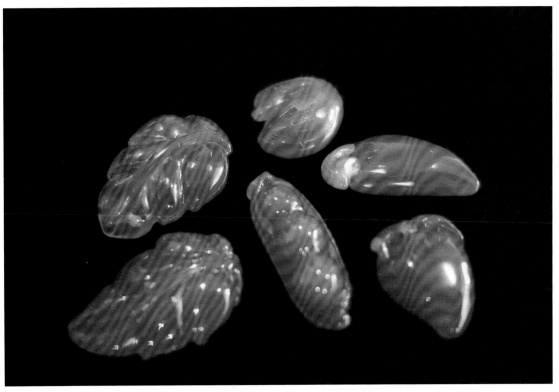

几种不同寓意的南红小雕件，可以用来做吊坠（图片提供 善上石舍）

映日荷花别样红（图片提供 翠微雕刻艺术）

谦卑（图片提供 翠微雕刻艺术）

悲悯（图片提供 翠微雕刻艺术）

德缘玉舍作品 极品联合料樱桃红小鱼，指导价2万左右（图片提供 红颜赤玉）

苏州儒玉轩罗光明作品《赤兔》，指导价18000元左右（图片提供 红颜赤玉）

导致南红雕刻费料、成品率低的特点，比如一块 100 克的南红原石，雕件成品能有 50 克就不错了。

怎样雕刻南红？

作为玩家往往有这样的冲动，我何不购买南红原石自己进行设计加工呢？鉴于南红雕刻的特点，我并不建议普通玩家自己雕刻南红玛瑙，从南红玛瑙原石到成品往往是惊险的一跃，风险较大。其一是原石选购风险，特别是赌石选购，往往可能血本无归；其二是雕刻风险，南红玛瑙内部千变万化，设计与成品往往存在较大差距，甚至到抛光环节，南红的脆性也会让你措手不及。笔者曾目睹抛光过程中，成品就这么毫无征兆地断裂开来。其三就是成本风险，南红玛瑙费料，出材率低在业内已是出了名的。

当然作为有一定绘画雕刻基础的玩家，选择自己加工一件南红玛瑙也是一件很有意义的事情，下面是好友朱蕾雕刻南红玛瑙的实录，供大家参考。

❀ 买装备

首先买一个牙机，500 元，各种金刚砂头，钉坨大中小，直棒大中小不细说了。淘宝上有，100 元能买一大堆，够做几个了。要是自己抛光就

修形后的原石

买砂条，300目、600目、800目、1000目；砂纸也行，我用德国砂纸效果也不错，修光后用320目砂纸搓成细条，然后用600目的，最后用1000目砂纸，出来就是亚光效果，不过我没耐心，抛得不是很好。

❀ 选料

开始雕刻时最好用成品的坠，这样省却了去皮整形的过程，我第一个南红雕件就是用一个联合料的吊坠做的。雕刻时，选自己感兴趣的题材。如果是成品的坠要用金刚砂棒把表面打毛，这样方便用细麦克笔在上面画而且不容易擦掉，如果画错了线条就用金刚砂棒把错了的线条去掉。

❀ 画图

画图一定要准确，所画即所刻，如果画画功底不好，可以打印出来用拓蓝纸拓上，之后用油性麦克笔钩一遍。重点，一定要认真画，否则全完。开始刻，我一般用中号钉坨把线条钩出来，但是不要按线走，尤其是新手。雕刻是减法，刻下去就没法粘上了，一定要每次少减，多次重复。轮廓钩得差不多了，用金刚沙棒去一下不要的部分，再钩轮廓，反复多次，直到达到自己要的深度。雕刻的造型不能简单用单线条，否则看起来会比较粗糙，一定要有面的感觉（线图除外）。比如雕荷花，要看清层次先后，尤其是浮雕，否则就会感觉没有立体感。

做博古纹

开始时可以做博古纹（瓷器、玉器装饰中的一种典型纹样，博古即古代器物），没有前后层次，好入手，就是去掉不要的，然后把底铲干净就可以，最好照着一张成品图模仿，因为没有经验的情况下你根本就不知道平面

用麦克笔在原石两面画出设计好的图案的线条

图雕出来会是什么样。有时一些细节也不知道应该怎么处理。一个图最好做3次以上，这样你就会慢慢知道工具怎么用，细微处怎么处理，模仿20个以上的成品再开始创意。还有最关键的，就是要注意收藏雕件的图，题材不限，只要你觉得可以借鉴。因为我们不是雕刻师，没有大量时间来积累经

蝴蝶的那一面已经雕好，开始雕刻另一面

验，所以只能偷师、借鉴，可以按不同专题做文件夹，比如，佛、荷花、童子、牡丹、山水之类的，以后在自己创作时也有一个图片库供参考。

（雕刻过程实录　朱蕾）

人物的一面也大功告成

大师作品雕刻过程详述

　　徐凯，出生于 1977 年，1996 年毕业于苏州工艺美术学校，毕业后进入名人玉雕厂进行玉器设计雕刻，2005 年成立自己的工作室"苏州尚玉工坊－徐凯玉雕工作室"擅长仿古与俏色创作，作品特点空灵飘逸，仿古不唯古，不拘泥于传统，力求作品达到传统与现代完美结合。作品具有较强的人文气息。

南红雕刻大师　徐凯

《赤龙之吼》雕刻过程展示

①原料

②画稿

③第一稿

④第二稿

⑤第三稿

⑥完稿

雕件的意蕴

选购南红雕件，寓（涵）意很重要。我常常跟学生说，你得清楚知道雕刻的内容与含义，才知道玉雕的内涵。以下就对南红雕件的寓意加以分类说明。

❀ 人物类

观音（观世音）、千手观音、送子观音、南海观音、普陀观音、释迦牟尼佛、弥勒佛（佛公）、关公、达摩、济公、刘海戏金蟾、八仙过海、卍标志，钟馗、八卦、十字架。此类雕刻的含义，一般为保平安、彰显信仰、随时提醒自己戒躁等。

苏州德缘玉舍 张家栋作品《立地成佛》（图片提供 红颜赤玉）

卧佛，侯晓锋作品，市场参考价 20 万元人民币（图片提供 善上石舍）

❀ 其他人物

童子： 天真活泼、送财童子、童子骑驴。

寿翁： 南极仙翁，祝老人长寿。

童子牧牛雕件，罗光明作品（图片提供 善上石舍）

❀ 吉祥如意富贵类

花瓶： 平平安安、平（瓶）步青云。

龙凤呈祥、望子成龙、太平有象。

❀ 花草类

松竹梅： 岁寒三友。松柏象征四季长青，也代表长寿，寿比南山。竹梅，青梅竹马，意寓一对恩爱夫妻。

梅花： 冰肌玉骨，有五瓣，代表福禄寿喜财，五福临门的意思。越冷越开花，坚韧不拔，屹立不倒。

兰： 兰花有花中君子的美称。深谷幽兰，象征高洁、美好，品德高尚。与桂花在一起就是兰桂齐芳，代代子孙优秀的意思。

竹： 有气度，礼节。最常见的是步步高升、平步青云、节节向上、竹报平安的意思。也有引喻做事要知足（竹）常乐，也要心满意足（竹）。

菊： 吉祥、长寿的意思。与松在一起，就是"松菊延年"；采菊东篱下，悠然见南山，意境非常优美；笑容可掬（菊）；鞠（菊）躬尽瘁（坚守岗位）。

满肉柿子黄节节高升雕件，由竹节、钱和蝙蝠组成，寓意节节高升、福在眼前（图片提供 盛世南红）

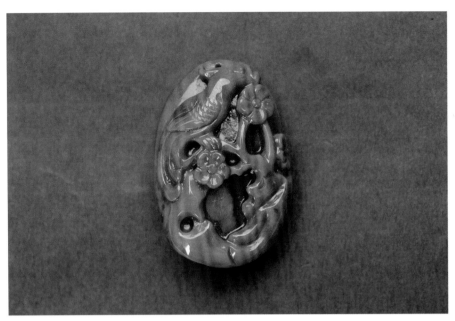

喜上眉梢雕件，市场参考价 1500 元

如意雕件，市场参考价 200~300 元，雕工属 C 级工（图片拍自 北京潘家园旧货市场）

松：松柏象征四季常青，也代表长寿，寿比南山。

玉兰花：玉树临风，青出于蓝（兰）。

叶子：成家立业（叶）、事业（叶）有成、一夜（叶）致富、夜（叶）来香，吸引异性。

牡丹花：百花之王。象征大富大贵，官运亨通。

鸡冠花：加冠，当官。

❀ 生肖动物类

鼠： 数（鼠）来宝、咬钱鼠，数（鼠）一数二。

牛： 勤奋，股票牛市。

虎： 虎虎生威、龙腾虎跃、威猛的样子。

兔： 兔宝宝，可爱。

龙： 帝王象征、龙腾虎跃、飞龙在天、龙马精神、当领导升官的意寓。

蛇： 小龙，王者风范。

马： 马到成功、马上封侯、龙马精神、一马当先。不管是事业与官运，样样亨通。

羊： 三阳（羊）开泰、喜洋洋（羊羊）、洋洋（羊羊）得意。

猴： 聪明伶俐，马上封侯（猴）、猴赛雷（好厉害）。

鸡： 金鸡独立、机（鸡）不可失。

狗： 忠心，狗来富。

猪： 诸（猪）事顺利。

五鼠运财雕件，寓意很好，也可称为"老鼠爱大米"

钱龙小雕件，市场参考价：1500 元

龙行天下雕件（图片拍自 北京潘家园旧货市场）

马到成功，雕工为 B 级工（图片提供 杜瑾瑿）

水红、白色巧雕连年有余雕件（图片提供 盛世南红）

❀ 其他动物昆虫

貔貅：古代一种避邪兽。

蝙蝠：倒挂蝙蝠寓意"福到了"，有福气。

孔雀：孔雀开屏（雀屏中选）。

鹦鹉：代表鹦鹉（英武）神勇。

蝴蝶：花蝴蝶，美丽且吸引异性。

蜘蛛：知足（蜘蛛）常乐、蜘蛛结网（勤奋）。

鹌鹑：平安，安居乐业。

螃蟹：富甲天下，谢谢。

母鸡带小鸡：母亲慈爱。

鲤鱼：鲤鱼跃龙门，与渔翁一起，寓意渔翁得利。

金鱼：金玉满堂，多子多孙。

鸳鸯：成双成对，幸福美满，年年有鱼，只羡鸳鸯不羡仙。

驯鹿：福禄寿、加官受禄（鹿）。

獾：合家欢（獾）。

狮子：森林之王，当领导，常出现在印钮；小狮王，狮王争霸，师（狮）出有名、师（狮）奶杀手。

喜鹊：欢天喜地、通常都是两只，寓意双喜临门。

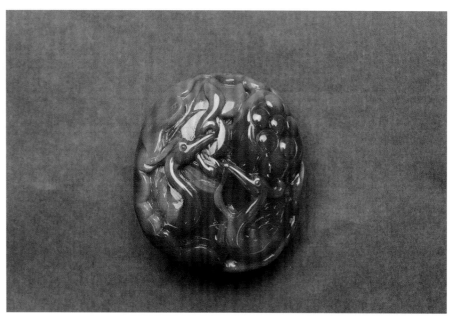

柿子红混玫瑰红一路连科雕件 寓意很好，雕工尚待加强，市场参考价1500元

老鹰： 英勇的意思，眼睛锐利，身手矫健敏捷。

鹤： 长寿。

公鸡： 功名成就，仕途平坦，富贵荣华跟着来。

鸭子： 鸭（押）宝。母鸭与小鸭子，一家团聚，平平安安。

猫： 温驯。

鱼： 年年有余（鱼）。

一往（网）情深小雕件，取自蜘蛛结网的寓意

柿子红混玫瑰红亭亭玉立小雕件，市场参考价
1500 元

鹦鹉红白料吊坠（图片提供 杜瑾嫛）

鹅：天鹅，美丽高洁。

虾：斑节虾，一节一节，循序渐进，节节顺。

龟：长寿，祝寿用。

鳄鱼：咬劲十足，战斗力强，奋斗不懈。

青蛙：蝉鸣蛙叫，田园风光景色。

蟾蜍：咬钱蟾蜍。做生意都放在店里，招财进宝。

蝉：一鸣惊人。

蚕：奉献，脱胎换骨，羽化成蝶。

螳螂：螳螂捕蝉，黄雀在后，居安思危。

甲虫：独角仙，独霸一方。

蜻蜓：池塘边田园风光，悠然自得。

蚂蚁：合作无间，蚂蚁雄兵，成群结队，团结力量大。

苍蝇：常常赢。赌博、赌马、赌石、赌六合彩、玩乐透的人非常喜欢。

螽斯：多子多孙的意思。

喜上眉梢印章，苏州儒玉轩罗光明作品，市场参考价6万（图片提供 红颜赤玉）

柿子红龙龟，黄文中作品，参考价 3~5 万元人民币，雕工属 A 级工（图片提供 善上石舍）

鱼戏莲间雕件，小鱼头部和和鱼身上半部为玫瑰红，周围部分为柿子红，雕工属 C 级工，市场参考价 200~300 元（图片拍自 北京潘家园旧货市场）

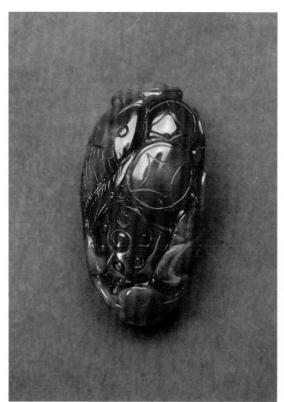

连（莲）年有余雕件，底部可见莲叶图案，市场参考价 1500 元

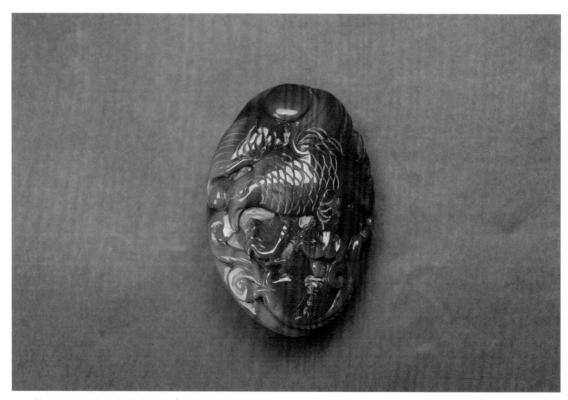

柿子红混玫瑰红雄鹰雕件，市场参考价 2000 元

柿子红混玫瑰红仿古龙雕件，雕工精湛

❀ 蔬菜水果类

葫芦： 最常见的雕刻，福气的意思。

灵芝： 有长寿如意的意思。灵芝是传统文化中的瑞草，现在医学有吃灵芝增加免疫力，抵抗癌症之说法。常出现在雕刻作品里面。

寿桃： 长寿的意思。

人参： 长寿的意思。

葡萄： 结实累累，比喻丰收或是人脉很广。

玉米： 结实累累，以喻风调雨顺，五谷丰收。

石榴： 多子的意思，祝贺人多子多孙多福气。

菱角： 伶俐的意思，形容长相很标致，有棱有角。

枣子： 早生贵子。

荔枝： 荔枝树是百虫不侵的植物，有上百年的老荔枝树都可以开花结果。祝贺新婚夫妻传宗接代，代代相传的意思。

辣椒： 火热的心，古道热肠。

瓜藤： 瓜藤蔓延，生生不息的样子。

花生： 长生果，长生不老。与柿子在一起，寓意好事（柿）会发生。

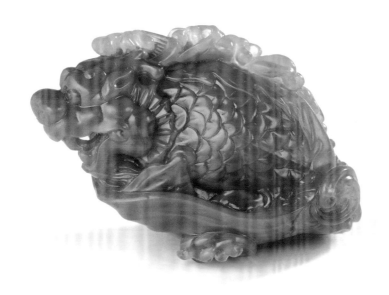

鱼化龙雕件，寓意一路高升（图片提供 盛世南红）

白菜：祝君发财；白菜与草虫的题材在元到明初的职业草虫画中，屡见不鲜，一直是受民间欢迎的吉祥题材。现在的富贵人家，家里或公司都喜欢摆一个翠玉白菜，表示吉祥与子孙满堂。

豆荚：连中三元。也分三颗与两颗豆子的。

莲藕：莲藕多子，多子多孙的意思。

老南红长命锁，属于收藏极品，寓意长命富贵。图片提供 盛世南红

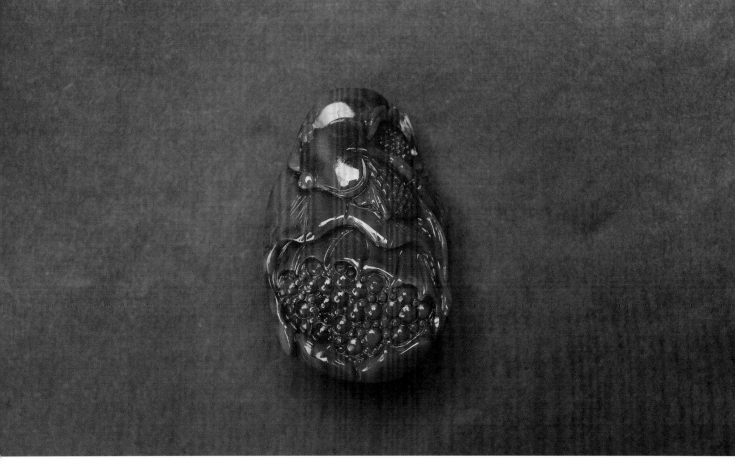

连年有余雕件，莲子饱满丰富，又有多子多孙的寓意

柿子：好（柿）事会发生。

麦穗与稻穗：五谷丰登，国泰民安，风调雨顺。

莲花：出污泥而不染，清廉（莲）自持，宜送当官者。

荷叶：和平的象征。

❀ 其他

福禄寿喜四字：通常用于祝寿屏风，祝福长者添福、纳财、长寿、喜气洋洋。

平安扣：平平安安。通常是长辈送晚辈或刚出生的婴儿，能够平平安安、健健康康长大。

如意：万事如意。

方孔古钱：财源滚滚。

长命锁：婴儿满月时赠送，长命百岁，平安吉祥。

碗：摆件，捧着铁饭碗，寓意事业顺利。

钥匙：打开门，开运的意思，开启智慧。

帆船：企业一帆风顺。

风筝：事业与学业，蒸蒸日上，扶摇直上。

谷钉纹：青铜器与古玉器常用的纹饰。五谷丰收，生活富足的意思。

柿子红雕花碗，寓意事业有成（图片提供 杜瑾塑）

南红玛瑙山子，雕工属 A 级工，市场参考价 5`~10 万，适合收藏（图片提供 杜瑾塑）

苏州尚玉雅集 徐凯先生作品 万贯缠身

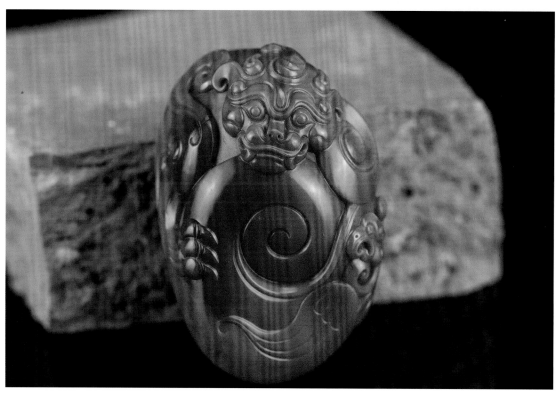

苏州尚玉雅集 徐凯先生作品 万寿无疆

主要成品类别

外观上，南红料小多裂，颜色均匀的不多，通常都是红白相间，所以凡大如拳头的都会做摆件，小的用来做珠子或小挂件等。

目前市场上南红玛瑙成品类别主要有珠饰、挂件、手把件、摆件和手镯，其中珠饰占南红玛瑙成品市场的70%以上，挂件、手把件和摆件约占南红成品市场的30%左右，南红手镯则不到成品市场的1%。

各式各样的南红玛瑙珠子，价格从100到300元不等，挑选时要注意是否满色（图片拍自 北京潘家园旧货市场）

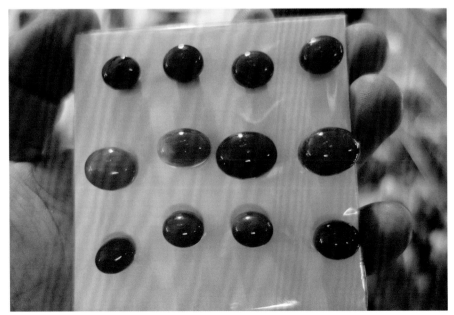

鲜艳程度不同的南红玛瑙戒面，价格在三五百块左右（图片拍自 北京潘家园旧货市场）

仿老南红手串，表面光
亮无坑洞小裂，市场参考价
800~1000 元（图片拍自 北
京潘家园旧货市场）

川料柿子红算盘珠手串，市
场参考价1000~1500 元（图片拍
自 北京潘家园旧货市场）

火焰红圆珠手串，市场
参考价1500~2000 元（图片
拍自 北京潘家园旧货市场）

樱桃红勒子手串（图片拍自 北京潘家园旧货市场）

柿子红随形手串（图片拍自 北京潘家园旧货市场）

　　南红珠子常见的有橄榄型勒子、正圆珠（手串最多）、鼓形珠、长桶形珠、车轮珠、算盘珠（格片用）、南瓜珠、滴型珠（坠子）、不规则形等，也有根据料块在上面雕刻十八罗汉或翁仲、佛头等修行的各种雕件。

精品联合料樱桃红戒面（图片提供 红颜赤玉）

南瓜造型的南红珠子，即南瓜珠（图片提供 追唐）

9 战国红玛瑙

　　说起战国红玛瑙这故事就太神奇了，从听到这名字到看到实物就只有短短一个月时间，认知相当得稀少。市面上也找不到相关的书籍，只能靠卖家一点一滴地透露与上网查资料。若有认知错误的地方也请各位前辈玩家指教。

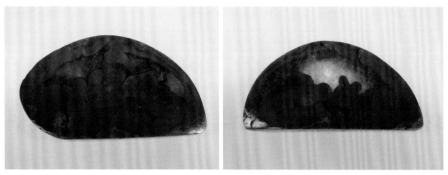

　　战国红玛瑙对鱼，市场参考价，一个10万元人民币，买战国红的手牌，一定要找图案，核查要价是否与价值相符，不能只听商家的话（图片拍自　北京潘家园旧货市场）

　　水滴状战国红玛瑙手牌，市场参考价：2000~2500一对（图片拍自　北京潘家园旧货市场）

2013 年 6 月初，笔者一位学生去北京大钟寺爱家珠宝看见有漂亮的战国红玛瑙。就问我这跟南红玛瑙有何区别吗？虽然好奇，但是也没有令我产生前往观察的动力。后来在北京农展馆的珠宝展会上，有两家厂商就摆着战国红玛瑙的成品，老板连名片都来不及印。我当然不会错过这学习机会，经过同意后拿起相机猛拍，希望通过这机会与广大石迷分享。

目前玩家所称"战国红玛瑙"算是玛瑙的一种，但不是战国时期流传下来的红玛瑙，跟普通的红玛瑙也不一样。它的成分是二氧化硅，硬度在 6.5 左右。纹带呈"缟"状者称"缟玛瑙"，其中有鲜艳红色纹带者最珍贵，称为"红缟玛瑙"。它是近年来辽宁朝阳与阜新交界出产，在阜新加工的一种红缟玛瑙，因其颜色与战国时期出土的红缟玛瑙雷同，被商家称为战国红玛瑙。

另外还有近年重新发现的河北宣化料的战国红玛瑙，它色彩丰富而艳丽，质地细腻油润。原石多呈结核状、球状，有较多草花料，一般完整性

战国红以红黄交映的图案吸引着人们的眼球，看这个像不像北京银杏叶弥漫的秋天（图片拍自 北京潘家园旧货市场）

战国红方形对花手牌，市场参考价一对 1000 元人民币，选购战国红关键在于选图案，因为玩家玩的就是图案带来的雅致和意境（图片拍自 北京潘家园旧货市场）

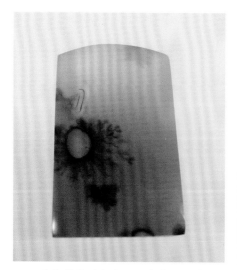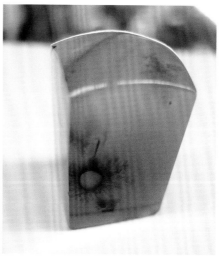

宣化料战国红印纽，内部可见清晰水草花，市场参考价 2000~3000 元（图片拍自北京潘家园旧货市场）

较高，裂少，但水晶共生情况较多，原石赌性较大。内部多为锦红色，黄色，偶有杏黄及橙红色缟纹，青肉较少，颜色变化较均匀，是目前国内品质最好的战国红玛瑙之一。

战国红玛瑙制品主要是珠子。珠子的形状有南瓜形、扁圆形、橄榄形。战国红玛瑙颜色与南红玛瑙相比更鲜艳。对许多人来说，有人喜欢战国红的鲜艳，也有人喜欢南红的古朴。但是挂上战国这两个字，会让消费者误以为是战国时代出土的红玛瑙。

各式各样的战国红珠子，每颗价格从三十到一百元不等，买得多还可以砍价（图片拍自 北京潘家园旧货市场）

目前战国红玛瑙成品种类越来越多，有手把玩雕件、一般挂件、小摆件、花片、发簪、印章、戒面、纽扣与帽正等。

喜欢"战国红"玛瑙的人主要钟情于其浓艳的红色。其实它有红、黄、白等颜色，以红缟居多。红缟和黄缟集于一石或全为黄缟者较为珍贵，带白缟则不常见。部分战国红玛瑙也会与白色水晶共生。喜欢战国红

圆形战国红小鱼手牌，市场参考价6000元人民币，要价有点虚高，可以消费者可以跟老板讲价（图片拍自 北京潘家园旧货市场）

玛瑙的朋友，不妨亲自走访阜新当地，参观十家子镇玛瑙市场。多了解当地原矿加工厂，或者自己会加工，就直接买货回来雕刻也行。

笔者询问了珠宝展老板，好的小摆件也是开价两三万，我想应该在一万左右可以成交。印鉴方面要看红缟颜色分布与体积大小，基本上一两千元都可以谈成。这次在展会上没看见珠链与手串类，可见原料没有南红多。未来的前景，实在是看个人眼光，以及个人眼缘。不过我老是看走眼，漏掉好多次发财的好机会，只能是一辈子当个穷书匠的命啊。

战国红手串，市场参考价，一串500~1000元人民币。普通消费者都买的起（图片拍自 北京潘家园旧货市场）

10 进口玛瑙

俄罗斯料、非洲料冲击市场

这是一个严肃问题，至目前为止尚有许多地区成分为玛瑙，外观类似川料与保山料者该如何对待？老实说这一定会某种程度影响到整个南红市场。收藏家自己有自己的智慧去判断。

当年川料的发现，就有许多的保山南红藏家有反对声音，认为只有云南保山料才是真正的南红。近五六年四川凉山的玛瑙逐渐打开市场，也被消费者接受，于是各拥各的山头，兄弟登山，各自努力。2014 年初就听到更多消息，来自俄罗斯与非洲料成货柜进口进来，市面上也逐渐发现真有这些产品。这意味着南红玛瑙受到注目了，在国家标准还没订立前，许多厂商在世界各地展开地毯式搜索，无非就是要抢得先机，先赚他几桶金再说。

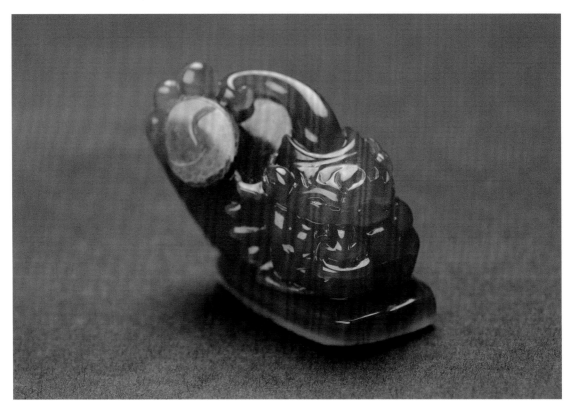

俄罗斯红玛瑙龙型雕件

非洲红玛瑙原石，红色较飘逸（图片提供 云尚珠宝）

进口玛瑙严格意义上是红玛瑙

进口的料能算是"南红玛瑙"吗？当然这问题还是见人见智。如果用矿物学的角度，无疑的它就是玛瑙。严格来说可说是非洲红玛瑙或者俄罗斯红玛瑙。如果商家会乖乖的这样卖，那你就错了。多数的商家还是会用"南红玛瑙"名义来贩卖。只有少数商家会诚实说出产地。

另一方面，消费者也要提高自己的鉴赏能力与眼力，知道如何跟商家应对，问问看商家有没有非洲或俄罗斯料（未来可以也会有更多产地的红玛瑙进口进来），这样就会减少买到这些进口料的机会（购买时可以三五成群，大家参谋给意见）。进口红玛瑙料一定会让许多收藏家观望不前，但是对老行家来说，会买保山料的人永远不碰川料，接受川料的人也多少会接受进口料。不同产地，不同的产量，也会有不同的价钱。多数人到旅游景点买到的真的是新疆和田玉吗？还是本土的青海料与贵州料，抑或是进口的俄罗斯白玉与韩料？

我并不担心进口料的问题，因为担心也没有用。至少它不是染色或者是假的玻璃来蒙骗消费者。消费者很多都是需要缴学费的，买到自己都成为专家。想省些荷包者就是多看少买，多跟南红藏家交流，千万别买完就收起来放在保险箱，这样是不会进步的。除此之外社群网站，例如：苏州南红网（www.sznh.net）里面就有许多交流的文章与知识，各地藏家也可以互相交流互通讯息，不想买错，不想吃药，当然自己得多下一点功夫，结交一群同行，也可以彼此交换收藏何乐而不为呢？

什么是非洲红玛瑙

该品种产自非洲莫桑比克，据说是2013年底开始进入中国市场，由石榴石进口商搭配集装箱时引进的新兴品种。非洲红玛瑙刚开始时并未引起业内的广泛关注，而进入2014年，保山、凉山两个南红主要产区相继封矿后，矿料开始变得捉襟见肘，此时，拥有相同质地，的非洲红玛瑙便开始正式地登上这个舞台。

❀ 非洲红玛瑙的特征

1. 鉴定结果为玛瑙 玉石鉴定机构出具的检测结果是"玛瑙"，鉴定时的样本相对密度2.64，具有玻璃光泽，有非均质集合体，具隐晶质结构；

2. 硬度高 由于笔者没有专业的硬度测试工具，只能通过上切机切割时的手感和经验来证实，样品硬度明显高于九口料，与联合料冰飘的硬度接近或更胜一筹；

非洲红玛瑙原石，清晰可见底部从乳白到蓝灰色的包裹体（图片提供 云尚珠宝）

非洲红玛瑙原石，水头很足，水红色的肉质玉质感强，非常像南红的联合料（图片提供 云尚珠宝）

3. 颜色美 一般有樱桃红、琥珀色、玫红、灰玫红、紫红、浅珍珠红等等。几乎所有的原石都是中心红色，表层覆盖一层半透明的包裹体，包裹体颜色从透明到乳白到蓝灰直至灰黑，很适合俏色雕刻。它的颜色不用于保山料和凉山料的浓厚，而是另外一种清新脱俗的美，如果说南红的柿子红是艳阳下的汉子，那么非洲红玛瑙更像是翩翩起舞的仙子；

4. 完整度高 裂纹相对较少，大致与凉山料的九口、新瓦西料的完整度相当；

5. 水头足 料子质地通透，玉质性强。

❀ 非洲红玛瑙与南红的区别

1. 看原石 原石很好区别，每个坑口的料子都有它独特的特征，非洲红玛瑙几乎每一个表层都有包裹体，石皮有明显的钙化痕迹；

2. 看颜色 做成成品后主要靠颜色分辨，非洲红玛瑙的颜色与南红的颜色还是有本质的区别，只有极个别的颜色与南红相近（樱桃红和琥珀色），通常这样的颜色在原料上的区域较小，大多做成戒面，主要靠经验判断，多看少买。

目前很多业内朋友都寄希望于非洲红玛瑙能够归于南红的范畴里面，也有很多朋友排斥它，未来它的路该怎么走，还是要看权威的南红标准该如何制定。玩玉本来就是一种心境，是为了让人凝神静气修身养性的，只要喜欢，开心就好，别太纠结于玉石本身的经济价值，量力而行，千万玩不要到最后玉石没玩着，反而被玉石玩了。

非常感谢云尚珠宝周波为本书提供非洲红玛瑙部分文字

苏州德缘玉舍 张家栋作品《玉兰花》
联合料樱桃红（图片提供 红颜赤玉）

出门篇

Chu Men Pian

1 原石选购

　　根据笔者对南红原石商、成品商、雕刻师傅了解的情况来看，南红原石购买收藏风险较大，不建议初级玩家收藏或购买南红原石，下面结合笔者经验作简单介绍。

无皮原石选购

　　南红无皮原石又叫明料原石，是原石购买中风险相对较小的种类，选购原则是看裂、辨色、掂量。明料原石由于已经没有外皮包裹，**挑选时首要看裂**，可用强光电筒照射原石内部，察看是否有裂，无裂为优；**其次是**

以上两块原石相比，上面的原石裂少。在重量相当的情况下，首选裂少的原石（图片提供 刘涛）

在品质相当的情况下，就要看重量，首选分量大的原石

无论从大小、颜色、裂纹来看，都是右边的原石占优势，记得明料原石着重要看色彩和裂纹

辨色，可分别在自然光、阳光、灯光下看色彩是否纯正艳丽，可参考翡翠颜色的浓阳正标准（《行家这样买翡翠》），对红色的南红同样适用；再次是称重量，同等品质下的原石重量越大品质越优。

赌石选购

南红赌石多产自四川凉山彝族自治州，**按照皮色大致分为铁皮料、风化皮料、红皮料和怪皮料四类**；按是否开口或者开口大小分为全赌料、小开口料和大开口料。

铁皮料：外皮犹如包裹黑色铁皮，特点是皮薄、滑而乌亮、密度大、入手沉重，是南红赌石中上乘的赌料之一，胜率高。挑选时以铁皮光滑、无裂、无坑洞缠丝，形状规整为优。

铁皮料，川料，肉质为柿子红（图片提供 善上石舍）

风化皮料：南红原石外皮受侵蚀风化呈现白色或黄色干土状，风化严重时表皮呈粉末状。特点是有风化皮的保护，通常色质均一、完整度较高，但肉质普遍偏黄，风化皮厚原石利用率较低。挑选时以风化皮无断层、斑点、缠丝和坑洞为佳。

风化皮料表皮，表皮有黄色干土状粉末（图片提供 善上石舍）

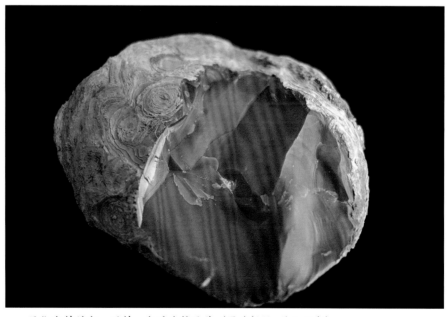

风化皮料的肉，川料，肉质为柿子黄（图片提供 善上石舍）

红皮料：红皮料顾名思义为皮色整体呈暗红，局部交织伴有红黄、红褐、红黑的一类南红原石。是南红赌石中数量最庞大，赌性最大的一类石种。笔者曾亲历一大开口纯色红皮料开出水晶杂质。挑选红皮料首选料型，料型不规整，皮再光滑都有可能出问题；其次是皮一定要光滑，有坑洞的红皮料90%以上都悲剧了；再次是尽量选大开口红皮料，降低风险。

大开口的红皮料，川料，肉质为柿子红（图片提供 色特阿诺）

红皮料原石表面呈暗红、红黑（图片提供 汪洪浩）

从红皮料中切出的小块色彩鲜艳的原石（图片提供 汪洪浩）

红皮料原石切面，是非常珍贵的柿子红（图片提供 汪洪浩）

小开口红皮料（图片提供 刘涛）

怪皮料：除去以上皮色的其他皮色料子统称为怪皮料，怪皮料在川料南红产量较少，如绿皮料、黄皮料，特点是普遍较小，赌性较大。

绿皮料（图片提供 汪洪浩）

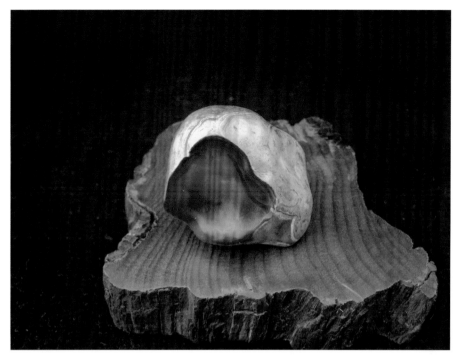

黄皮料，肉质里有玫瑰红、柿子红（图片提供 薛晟）

绿皮料内里还是有鲜艳欲滴的红肉，多裂，为保山料（图片提供 汪洪浩）

2 珠饰品选购秘诀

珠饰种类

南红玛瑙市场流通最多的是珠子，可以说认识南红的第一步就是从珠饰开始，南红珠子常见的有圆珠、算盘珠、南瓜珠等；配饰有三通、背云、佛头、佛嘴、隔片等。

按颜色分类

❀ 锦红

纯色锦红珠饰质地细腻、正红色、不偏黄、不偏紫是南红玛瑙珠子中的上上品。纯色锦红南红玛瑙产量稀少，一般用作戒面料，市面上少见珠子，价格昂贵。

0.75cm×50 纯色锦红手链，质地温润细腻，色彩鲜艳如锦，局部纹理不可见，可遇不可求，市场估价 10000~15000 元

❀ 柿子红

纯色柿子红珠饰质地细腻、颜色类似熟透的柿子，是南红玛瑙珠饰中的上品。

纯色柿子红珠饰，颜色类似熟透的柿子，色浓，打强光可见细密朱砂点均匀分布，这类珠饰多为保山老坑料产出，联合料亦有极少量出产，多用于做戒面。因产量极其稀少，市场上已难得一见，价值不菲，具有很高收藏价值和升值空间。

纯色柿子红塔珠项链，颜色鲜艳，局部纹理不可见，市场估价 20000~30000 元

保山料纯色柿子红珠链，质地细腻，朱砂密集均匀，色彩纯正，估价 3~4 万（图片提供 香萝甸）

❀ 玫瑰红

纯色玫瑰红珠饰相对柿子红更加稀少，因大多川料玫瑰红是和柿子红混合在一起，取材困难，费料，成本高昂。其中实色不偏紫玫瑰红较好，市场价值不亚于锦红。（注：实色玫瑰红，打灯微透，泛红光），虚色偏紫玫瑰红相对较差（注：虚色玫瑰红，打灯通透，泛白光）。

0.8cm×108 纯色玫瑰红念珠，局部纹理不可见，肉质细腻，市场估价 30000 元人民币

❀ 樱桃红

颜色类似熟透的樱桃，色浓，打光可见细密朱砂点均匀分布，这类珠饰多为凉山联合料产出，保山新矿亦有一定产出量，多用于做戒面。同样因产量稀少，而有较高收藏价值和升值空间。

保山料纯色樱桃红项链，质地细腻、色彩浓艳、朱砂密集均匀，市场估价
30000~35000元（图片提供 香萝甸）

2.5cm×9保山料纯色樱桃红男士手串，质地细腻、颜色鲜艳、朱砂密集均匀，个
别珠子有裂纹略偏灰（图片提供 香萝甸）

❀ 柿子红混玫瑰红

这样的珠饰是川料的特色，颜色要比纯色柿子红艳丽，但产量远比纯色珠饰多，同等规格下价格也低于纯色珠子一倍至数。这类珠饰因两种颜色混色较均匀，色彩艳丽而价格相对低廉受到广大南红爱好者的青睐。

2.2cm 柿子红混玫瑰红男士手串，质地细腻，混色鲜艳，市场估价 8000 元人民币
（图片提供 南红那些饰）

❀ 火焰纹

火焰纹是川料的一大特色，因其纹理像火苗，所以称之为火焰纹。

3.4cm×1.9 火焰纹桶珠，火焰纹理极具特色，用料较大，市场估价 4500 元人民币
（图片提供 南红那些饰）

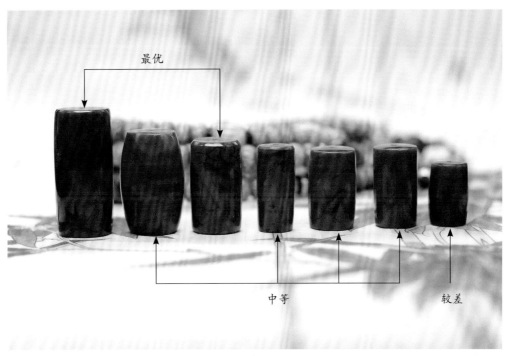

火焰纹珠饰要根据纹路的美感去判断价值和等级，纹理越有特色，价值越高（图片提供 南红那些饰）

❋ 缟纹

缟纹珠饰具有明显的玛瑙纹，是市场上比较常见的珠饰，因其量大而价格低廉，可以作为装饰品，但是没有什么升值空间和收藏价值。

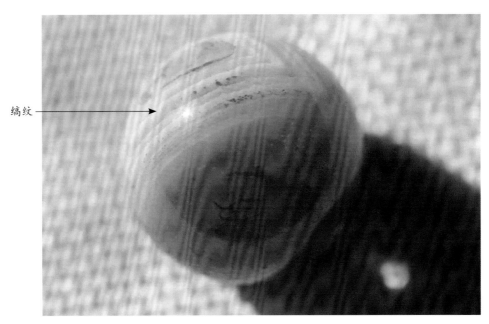

图中缟纹珠子玛瑙纹明显，超过珠饰面积1/2

❀ 水红

这类珠饰是保山新矿和凉山联合矿区产出量较大的珠饰，因其较为通透的质地，娇嫩的色彩而受到广大年轻女性的青睐。配饰性强，有一定收藏价值和升值空间。

联合料水红算盘珠饰，色彩鲜艳、质地较通透，市场估价 8000~10000 元（图片提供 香萝甸）

1.0cm×2 保山料瓜珠，质地通透、朱砂分布少但均匀，色彩淡雅，市场估价 200 元人民币每颗（图片提供 香萝甸）

　　另外从水红以下到无色的所有珠饰，大多只具备装饰功能，收藏价值和升值空间不高。

　　需要一提的是这类珠饰有的色彩淡雅，有的朱砂分布别具一格，随着市场的发展，其中一些有特点的品种可能会被市场重新定位，如冰飘鸡血珠饰以其灵动飘逸的特点，已经受到市场的关注。

保山料白冰项链，市场估价 500~1000 元（图片提供 香萝甸）

　　1.5cm×13 保山料男士手串，质地通透、朱砂分布少较均匀，市场估价 1000~1500 元，由此看来，买南红饰品，与其认产地，不如认质地（图片提供 香萝甸）

3 南红戒面

南红戒面等级划分可参考珠饰，但要求更严苛。一个好的戒面首要是色和质地：颜色鲜艳均一、质地温润为上品；在颜色质地相当的情况下，则看戒面形状是否饱满，抛光是否精细。挑选戒面时可用强光电筒照射戒面内部，以朱砂点均匀密集与否来判断戒面颜色浓淡，质地是否均一。注意高品质戒面自然

自然光下的高品质的南红玛瑙戒面（图片提供 刘涛）

光下肉眼是看不到朱砂点的。下面是戒面在自然光下和强光电筒下的对比图，强光下满布均匀朱砂点的为上品。

据笔者了解，目前市场上高品质戒面都在每克千元以上，普通戒面则只要几百元一个，选购时要注意对比。

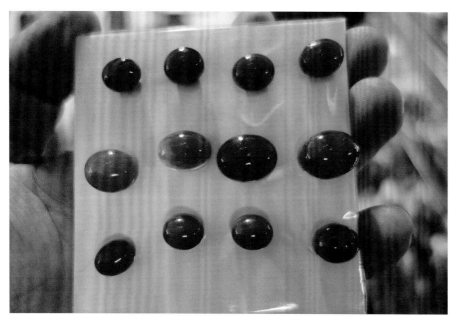

潘家园市场上的川料南红戒面（图片拍自 北京潘家园旧货市场）

打强光下的高品质南红戒面，能够看到均匀分布的朱砂点（图片提供 汪洪浩）

普通戒面自然光下就能看到
朱砂点分布不均、不密集，色彩
偏淡，但也别有一番飘逸的情
致，受到年轻女性的青睐（图片
提供 刘涛）

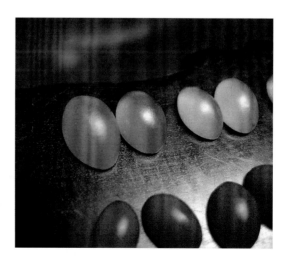

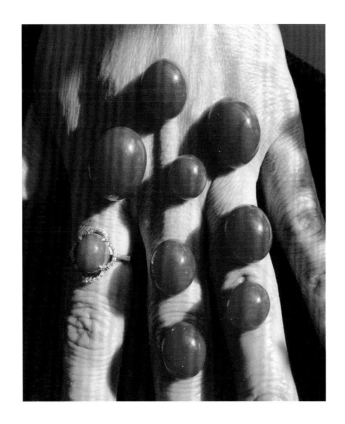

高品质柿子红戒面，自然光下看不到朱砂点，颜色鲜艳、质地细腻（图片提供 汪洪浩）

打灯下的柿子红戒面变得更鲜艳了，像不像朱砂红（图片提供 追唐）

4 南红雕件选购

南红雕件挑选基本功夫

❋ **看货口诀:色、质、杂、形、工、体**

颜色: 要满肉满色,越纯价值越高。其中以锦红最佳,属于艳红色,但是产量稀少。柿子红(柿子黄),是西红柿颜色,最受青睐。玫瑰红,玫瑰花瓣颜色,偏向年轻族群。水红,浅粉红色,适合上班族小资女。红白料价值最低,适合做创作巧雕俏色。

质: 质地,越温润越好。起胶质感。材质不要白色透明与缟状纹。最好是灯光打可以透明。

杂质: 就是黑色矿物、白水晶与裂隙。好的材质是要避开这三项。

形: 戒面就是切工厚薄与长宽比例,如同身材。不要歪斜不对称或厚

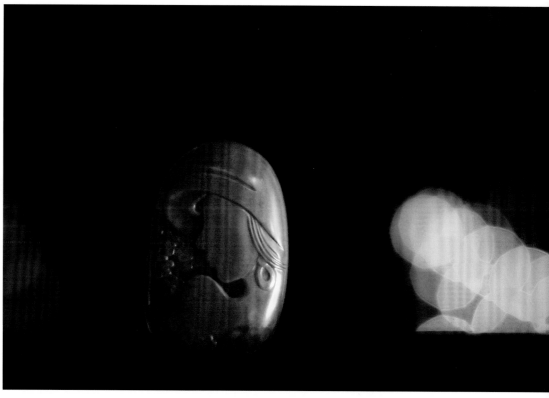

苏州儒玉轩罗光明作品《花影》,雕工非常精美,线条流畅,人物构图完美,配饰自然生动,给人赏心悦目的审美体验。市场参考价 25000 元左右(图片提供 红颜赤玉)

满红合家欢雕件，颜色饱满均匀，创意和形状俱佳，非常难得的作品

绽放手牌，罗光明作品，巧妙运用柿子红和冻料，雕刻出花的姿态和淡雅的背景

度不一。雕件外形最好是圆或椭圆，也可以是长方或正方，最重要的是底部要平整不要有太大弯曲幅度。

工：就是雕工与抛光。雕工要细腻且有创意巧思，观察要入微，细节不要含糊带过。会巧妙运用颜色与避杂质。材质该舍弃就舍弃，也可以简单利落不拘形制。

体：体积大小。不管是戒面与珠子与吊坠，尺寸大小是影响价位最直接因素，越大越贵。在原料购买也是论公斤计价。

不同体积的南红雕件对比，同等品质下，体积越大，价格越高

无法完全抛光的南红谢谢雕件，侧面有空缺。挑选雕件要仔细注意空缺、杂质或裂纹，有其中一项都会大大影响雕件的价值

南红的雕工挑选要诀

❀ 1000 元以下的吊坠

　　雕工是一件吊坠、手把件或者是摆件的成败主要关键之一。由于原料渐渐短缺，早期发现部分不错的原料都由小师傅或刚入门雕刻者简单雕刻，雕刻内容大多以龙凤、貔貅、观音、佛公、如意、年年有余（鱼）、蝙蝠与古钱等主题，主要专供售价一千元以下接地气的自用与送礼市场，平均重量在 10~20 克左右。每天可以雕三到五个作品。

　　这种便宜的雕工，大多数是小雕刻师傅自己买料回来雕，也有部分批发商买料委托雕刻，在河南镇平石佛寺、北京潘家园、十里河、广州荔湾广场、广东海丰县可塘镇等地都可以看见。这样的小作品谈不上好雕工或好材质，都会掺杂裂纹、透明水晶、白色缟状纹、矿物杂质。产品通常外型不太讲究，为了保留重量通常外型歪斜，背面不平整，部分裂纹也不处理。这些市场还卖半成品未抛光，委托商家一件能看到大小体积的料，价格在 30~50 元不等。

　　买未抛光半成品大概要赌三分之一到一半的风险，部分颜色不佳或明显有裂纹的南红雕件，雕刻业者干脆省下抛光钱让消费者买来赌赌运气。个人认为如果自己没把握还是买抛光好的，如果想小玩一把，也可以先买

南红弥勒佛雕件，市场参考价 200~500 元，人物神态生硬，缺乏美感，比例较差（图片拍自 北京潘家园旧货市场）

南红钟馗雕件，市场参考价 300~500 元，根据个人爱好来选购小雕件，在能承受的范围内尽力拔高审美层次（图片拍自 北京潘家园旧货市场）

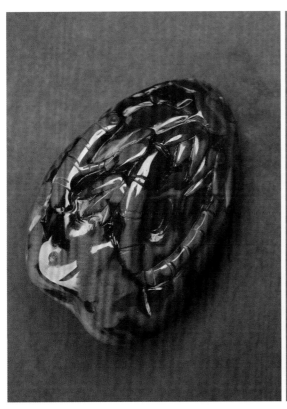

柿子红混玫瑰红竹子雕件，背部是美女，适合文人把玩佩戴，市场参考价4000元

几件看看自己的运气。这类作品无升值空间，市场上也无竞争性，适合刚入门接触，只想花几百元的消费者购买，有些只是想买不同产地南红或者不同颜色南红来当标本。

❀ 市价 1000~5000 元的雕件

重量大约 20~60 克，通常仔细挑选可以买到不错颜色与材质的南红。部分雕工也稍有改进，对于动物眼神与型态也都略有研究，通常是入门一到三年的小师傅自己出来接单雕刻。材料能雕什么通常都是看自己喜好与拿手的题材。外型稍微讲究，一般不会出现有创意的作品，与上述雕刻内容差不多。这些作品同常会吸引尚未达到一定鉴赏水平的消费者，这些消费者通常属于冲动型，一眼看喜欢就买，常常因为颜色或者是题材寓意喜欢就下手，不太注意拿放大镜去观察人物脸型五官比例与肢体线条的流线度是否顺畅。这样的作品未来要升值空间还是不大，消费者必须更谨慎才能进入收藏级的行列。

祥龙浮雕扳指，柿子红满肉满色，雕工精湛，寓意好。市场参考价 15000 元

❀ 市价在 6000~20000 元的雕件

重量约 50~100 克左右。雕刻师傅通常都是有三到五年的基本功夫，对于各种人物、花鸟、动物、山水拿捏都非常准确，有时也会运用俏色显现自己的功力。这一类雕刻师傅技艺精湛，人物比例与布局拿捏得很不错。材质挑选也有一定水平，通常都是专精几种产品，很多都是兼做翡翠、白玉雕刻，题材通常不会有太大惊喜。购买这一类南红雕件的消费者，看上的就是工艺与材质，市场未来行情看俏，具有一定的升值能力，不管自己收藏还是送礼都非常体面。

❀ 市价 20000 元以上的吊坠或摆件

雕刻大师作品 这里强调的是名人效应。好料、好工、好创意、好寓意（四好）。加上大师的好名声，一直以来都是翡翠与白玉藏家关注重点，收藏者不论是自己典藏还是赠礼都非常有面子。观察 2014 年 4 月博观拍卖，许多名家作品拍卖价在一到三万，过四万者只有八件，由此可见南红在广大的文玩市场还有一条漫长的路走。另一方面收藏家理性对待，也真的可喜可贺。最怕一窝蜂炒作，把整个南红市场给毁了，这是大多数人不想看见的事。

未署名作品 强调的是展现雕工精湛与好料与好寓意。有时候价钱高是料大，原石取得成本高。收藏家透过朋友介绍或者是南红专卖店找到自己喜欢题材，在此提醒，目前心理价位两万是一个门坎，若超过两万就可以买名家作品，您出这价钱是有行有市，超过三万者则就要考虑题材、创意与材料的大件。

苏州工艺特色

苏州工这两年对于南红玛瑙入门者，就是质量保证的代名词。简单来说，苏州工艺在材料挑选有严格的筛选，通常是用柿子红居多，其次是玫瑰红、樱桃红与柿子红混玫瑰红，另外红白料与冻料也是几位大师喜欢尝试的料子。在严格的要求下白色缟纹是低质量的象征，苏州工里几乎是看不见的。

论雕工技术这里都是十几年、二十几年功底的老师傅，长年进行白玉雕刻，名声已经如雷贯耳。雕刻南红对大师来说只是雕虫小技，小菜一碟。看过苏州工，您可能会无法容忍市面上一些惨不忍睹的作品。苏州工作品整体布局与造型比例，经过严密设计绘画，准确到位，看过的人都绘赞不绝口。

苏州工艺的特点，首先是好料配好工。好料，即南红本身材质不错，虽有不甚完美之处，但可以经雕刻师的技艺化腐朽为神奇。好工，即雕刻成品颜色自然、线条流畅、造型优美、比例匀称，具有很高的审美价值。即使是用红白料或冻料，一些大师也能运用俏色交出完美的答卷。

童趣雕件，罗光明作品，孩童天真烂漫，充满欢喜，雕工细腻，灵动。市场参考价 3 万元

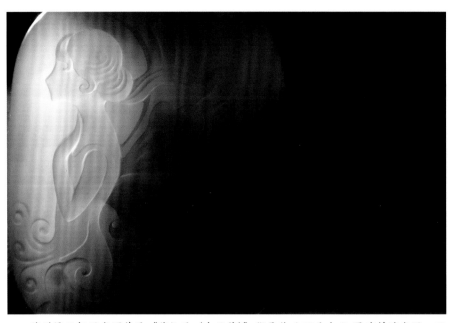

苏州儒玉轩罗光明作品《花仙子（向日葵）》指导价4万元左右 果冻料透光照，巧妙运用南红无色部分的材质，展现了女人肤如凝脂的美丽（图片提供 红颜赤玉）

　　其次，苏工的特点是外形完整，底部平整，雕刻师傅绝对不会为了保留料而让雕件存在不必要的弧度和歪斜。

　　第三，苏工作品雕刻到位，非常注重细节处的完美。所有精致的事物有一个共同的特点那就是细节处的完美、无懈可击。也正是苏工大师对技艺精益求精的追求才使得苏工作品如此醒目，令人心动。

　　另外，对苏州工来说，成就大师级作品不是比工艺，而是在比创意。谁能将不起眼的料起死回生，或者创作出炙手可热，意想不到的题材，那才能站稳前十大雕刻大师地位。为何被尊敬，为何那么多人捧着银子来等您雕刻，除了有精湛工艺与创作，人格修养与艺术涵养、道德品格都不可缺少。平易亲民作风与对事情的执著，除此之外，将自己技艺绝活与思想精髓传授给下一代年轻人，也是将雕刻艺术种子播开，十年、二十年后就会继续开花结果，在历史上将创造一片大好声誉。

　　对于其他各地上海、扬州、河南、福建、广州与云南各地的雕刻师，也是有许多杰出且值得尊敬的大师，他们也是用一生心血来造就这事业。全心投入创作与培育下一代，这辛苦是值得的，努力付出也会有回报。年轻的雕刻师也不用心急，如果自己有这本事，就不用担心没人找上门。在生活压力与创作两难的路上，雕刻师需要时间去积累。坚持理想与原则，肯吃别人不愿意的苦工，对于艺术不断接受刺激与追求新知，总有一天会出类拔萃，出人头地，让自己在南红玛瑙的历史上也被记录一笔。

5 南红雕刻大师及作品介绍

陈玉芳

陈玉芳，1946 年出生于河南省新密市，中国玉石雕刻工评审委员会委员、国家级高级技师，中国玉雕艺术大师。

其雕塑作品表现手法丰富，讲究意境，充分利用原石的天然形态、材料、色泽进行构思和创作，其雕法以"巧"为命笔，以"奇"为特点，以"厚"为动力，富有灵性，运用夸张手法展现了自己的独特思想；其作品简约大气而又不失含蓄，寓意深刻而又不失通俗易懂，形成了自己的独特风格。

南红雕刻大师 陈玉芳

陈玉芳作品展示

观音

《观音》该件采用四川九口联合南红料为材质，料润度透光性俱佳，颜色纯正。雕工工整且整洁，神形兼备。把观音的端庄慈祥，智慧大度充分的体现。

龙

《龙》该作品雕工不显露整体龙纹而只雕琢部分龙身与龙首，使得构图主题突出。吉祥纳福、腾达兴旺！

民族少女

《民族少女》一个化腐朽为神奇的经典之作。该作品姣美的脸上羞红轻泛，含蓄的低头体现少女的朴实。人物面部以及头饰精工细刻，使材料的缺陷反而成为点睛所用。赋予了这块小小玉石以全新的生命，使之成为精美绝伦的艺术精品。

莲花观音

《莲花观音》该作品玉料质感俱佳，创意独具，构图和谐，观音飘洒自然。

净瓶观音

　　《净瓶观音》玉色红润，细腻缜密，正面浮雕观音面容雍容，端庄大气。背面利用原皮雕刻龙凤浮雕，整件作品小中见大，保留南红原石三种颜色自然之美。

正面

背面

蝶

　　《蝶》刀法精湛，破茧而出，寓意不朽。

老子悟道

　　《老子悟道》构思根据人物特点，闭目宁首，须眉垂落，嘴微合似念念有词，所著道德经，所演八卦搭配得体，整体治琢写实，神情端详。

李仁平

❀ 琢玉成艺　艺蕴神工

德国哲学家有一句名言："一般说来，雕刻所抓住的是一种惊奇感。"玉雕大师李仁平的作品，无论是在创意还是技法上，给人的都是一种推陈出新，独具创意的惊奇。

南红雕刻大师　李仁平

李仁平，70年代出生于享有"山水甲天下"的广西桂林，"山清、水秀、洞奇、石美"的水土人文，孕育了他温润如玉的品性。90年代进入玉雕行业，笃志好学，潜心钻研、持之以恒的毅力，造就了他独树一帜的雕刻技法和表现手法。其作品风格简洁，构图新颖，布局精巧，散发出以小见大的创意和融合古今雕刻语言的艺术感。玉石材料是天然之物，瑕疵、裂纹、脏点的存在是自然现象，在雕刻技法上，李仁平善于借鉴白玉琢玉技法，并充分将这些雕刻技法中的精、妙、巧运用在玉石的雕刻中，挖脏遮咎，瑕不掩瑜，使其浑然天成，回味悠远。

特别是其采用南红玛瑙创作的博古作品，由于受战国、西汉玉器的影响，作品入古出新，注重细部的刻画，繁简有致，线条生动洗练，结构严谨合理，方寸之间把五千年文化的精致艺术展现得淋漓尽致，有着天人合一的巧色艺术效果，融艺术性、观赏性、收藏性于一体。

"虽有玉璞，不琢不错，不离砾石"。大师认为人类创造了美玉，只有注入文化，依色巧琢，才能雕琢出包含民族心血、智慧和毅力的作品，展示出艺术的魅力和珍贵的历史价值，才能真正实现文以载道，物我借化。他创作的《踏雪寻梅》《穆桂英》《烟雨江南》《书童有梦》等作品中的一些创意性的处理手法，使作品层次更加丰富，意境深邃，清新隽永，让人感受到他对传统题材新角度的诠释与富有创意的表现力。

2007年被瑞丽市人民政府授予"优秀玉雕师"称号，2011年9月被授予"云南玉雕大师"称号，同年10月被瑞丽市人民政府授予"瑞丽巧雕大师"称号。

主要获奖作品：

2007 年，作品《北极熊》获中国宝玉石首饰行业协会"天工奖"铜奖。

2007 年，作品《踏雪寻梅》获中国·瑞丽首届玉雕大赛"神工奖"金奖；作品《寒江雪》获银奖；作品《生机勃勃》获铜奖。

2008 年，作品《尘封的记忆》《听雨声》《生生不息》获中国·瑞丽第二届玉雕大赛"神工奖"金奖、银奖、铜奖。

2012 年，作品《憩息》获中国·瑞丽第六届玉雕大赛"神工奖"金奖；《霸王别姬》获银奖。

李仁平作品展示

桃花依旧笑春风

作品采用优质南红玛瑙制作而成，色彩艳丽，并利用南红颜色的差异巧做发饰，雕工精美，简繁相间，取景花旦的侧面，将其腼腆娇羞之情表现得淋漓尽致。

正面

凉山南红汉马纹"良驹佩"

    造型取牌子形状，棱角分明，充满张力。主体造型为马首，浅浮雕与阴线雕刻技法结合，马首处工艺精细，其余部分大面留白，形成繁简的对比，方形的打孔也是匠心独运。

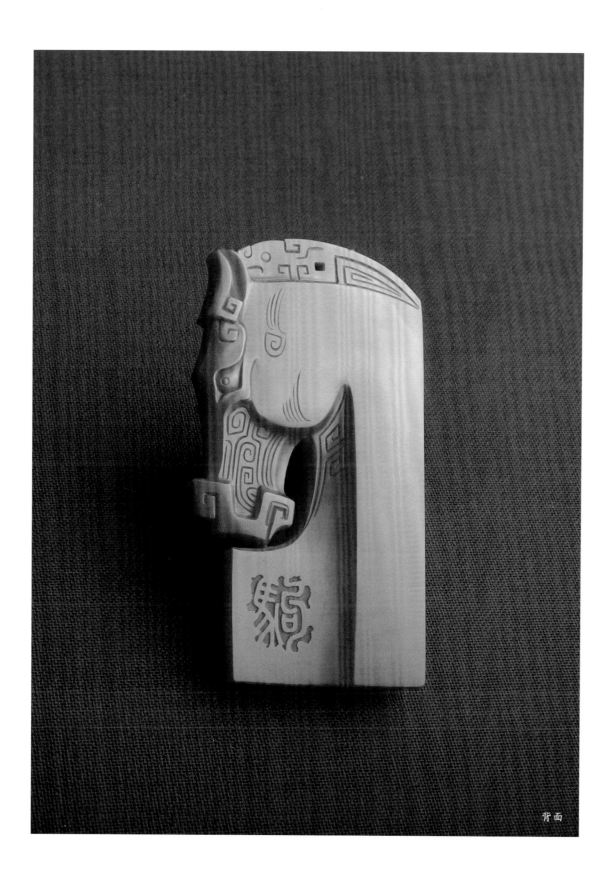

背面

夔龙纹扳指

　　料质均一细腻，造型新颖别致，在扳指的侧面浅浮雕夔龙纹，底子处理为斑驳状，口沿处装饰回型纹，使整件作品古朴中略带雅致；另外作品的穿绳配饰也颇为讲究，亚光的圆珠与亮光的束腰小勒子搭配，整体搭配主次分明，趣意浓浓。

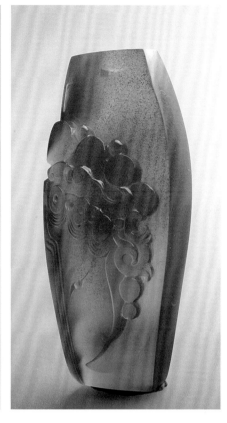

霸王别姬

　　一抹残阳照垓下，石成黛色伴红颜，君王掩面呼无谓，一生痴情付烟灰。

　　作品以简练纹饰表现出戏曲脸谱的传统韵味，用两种不同成色的南红材质分别刻画出西楚霸王和虞姬的造型，材料色彩的运用均恰如其分展现了人物的阳刚与妩媚。

相由心生，境由心造

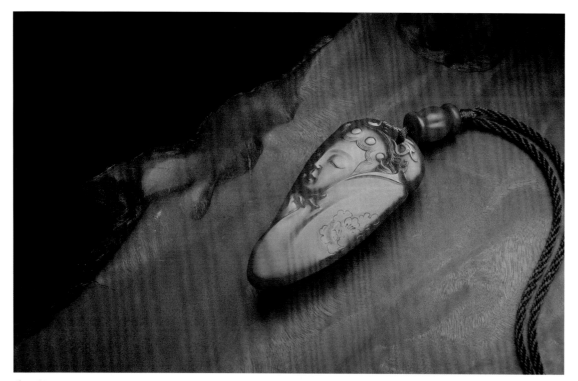

花旦佩

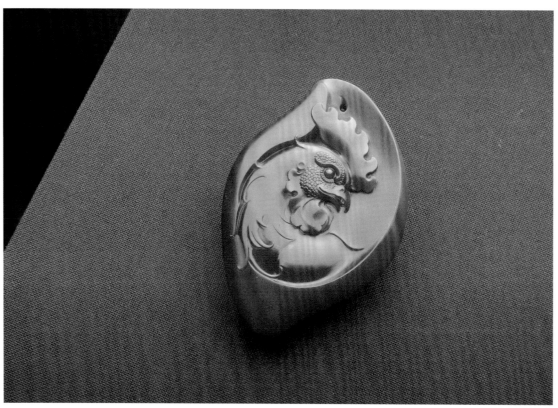

冠上加冠雕件

罗光明

1974年4月生，上海海派玉雕协会会员，海派玉雕大师。

1992年考入常德工艺美术学校学习素描、国画、书法，主修泥塑。

1995年至深圳，在大型工艺礼品厂任雕塑师。

2009年在苏州创办儒玉轩玉雕艺术工作室。

罗光明出生于湖南的一个小村庄，深深被大自然中美丽的生灵吸引，从小喜欢用泥捏各种动物、植物及瓜果，给村人带来乐趣。

在深圳工作期间，跟国外的设计师配合，学到了许多西方雕塑的审美理念，并运用到玉雕创作中。

一直追求一种人、刀、玉一体的艺术境界，作品新颖大方，意韵深沉，深受藏家亲睐。

《狮子王》获2011中国玉石雕"神工奖"金奖。

《一品清廉》获苏州"陆子冈杯"银奖。

《佛音狮吼》获中国玉石雕"神工奖"金奖。

南红雕刻大师 罗光明

❈ 内外兼具的南红之美

罗光明大师的作品以容貌姣好、气质独特的美女雕件赢得市场的青睐，其雕刻功底深厚、作品优美富有内涵，并且刀耕不辍，追求艺术与审美的高度统一。目前，针对雕刻艺术及南红市场，他提出了自己的看法和建议。现将采访文字整理如下。

请罗大师简单介绍一下目前工作室的情况以及是什么原因促使罗老师选取南红玛瑙为儒玉轩的雕刻材质？

目前儒玉轩刚搬新厂，现阶段我定位在儒玉轩第二步，第一步我本来计划三年，结果用了两年时间就完成了。这主要是南红的迅速发展起了很大的作用。儒玉轩发展到现在，与南红市场是紧密相连的。南红在什么状况，我们儒玉轩就在什么状况。当时我选择南红为工作室主要创作材料的时候，跟许多人是一样的，感受到它的美，感受到它的时代使命。也经历过纠结，但最后还是难以割舍。

罗大师的南红玛瑙作品以巧色美女最受市场欢迎，请问灵感来自于哪里？你的爱人对您的作品定位是不是很有影响？

我的南红玛瑙作品中以巧色美女最受市场欢迎，灵感来自于我们对美的不懈追寻。不论南红、白玉还是翡翠，不论当代还是古代，不论绘画还是雕塑，美丽女子都是一个永久的题材。但一定要美，美得有个性。工作室主要以清新、书卷、贤淑的气质美女为主。其实，其他题材如花鸟也是我们的长项，新近的童子和舞蹈系列在市场的反响也是很不错的。因而我们的创作是不受题材限制的，常说的口号就是：只有想不到，没有做不到。我夫人在深圳的时候从事工艺品设计十多年，所以作品设计很多都由她定位和把关。

据了解，多数初级南红玛瑙爱好者都喜欢购买南红玛瑙原石，然后进行雕刻，请问你对自购原石进行雕刻有什么看法，或者给我们的广大原石爱好者提供一些建议。

现在有很多初级南红玛瑙爱好者喜欢购买南红玛瑙原石，然后自行进行雕刻。如果只是出于好奇和娱乐，倒是可以用这样自购的方式玩玩。但如果只是纯粹的爱好者不是长线的经销商，我建议不要用这样的方式来购买南红。第一，这样很容易被自己的材料所限制。南红原石的赌性不亚于任何一种玉石，比起白玉要高得多。如果赌出来的材料等级不够，就限定了产品的层次很难上去，唯一安慰自己的就是留个纪念，这样的纪念一个就够了。第二，成本反而更高，算上自己浪费的时间、工期、材料的损耗、工费很可能已经超过同等值成品的价格。这样的经历我觉得一次也够了。第三，难以如愿地得到自己本身想要的题材，有些人原本想要个立体的小动物件，结果整完只适合做个小挂件。这样的情况我遇到过很多。到最后还得重新到市场去挑选。

现在，市场上好的明料都不便宜，便宜的赌料，没有几年的选料经验，我觉得还是不要去赌较好。现在有不少这样的情况，有一部分原因也是因为市面上的雕件太少，客人能挑选的范围不够广，不能满足消费者的需求。还有一部分原因是，大家只看到成功的案列，没看到角落里失败的那一箩筐。

在您看来，目前南红收藏市场处于一个什么样的阶段，消费者或者说收藏者在购买南红成品时应该注意些什么？

就目前来看，南红收藏市场处于初级阶段和中级阶段的中间，比起初期时候那种想买又不敢买的情况要好得多。一般有看上的成品，价格合适，都会毫不犹豫地出手。但是，南红的产地和颜色的名称还有些争论，这会让消费者产生许多不安的因素。其实好与不好，让产品自己说话。消费者包括我们都需要一个观察和摸索的阶段。这个时候的引导是需要的，也是重要的，因而南红成品的购买，我建议要客观一点，不要偏颇。

其实，不管南红出自云南还是四川，市场上都能接受。消费者在收藏的时候，看一件成品主要看它的工、质地、色。工在这里就不多解释了，质地——主要包括，材料的纯净度和脏杂的情况，干净细腻就容易出油性。色为什么排在质地的后面，因为众所周知的南红的基本特性就是红，整个红色系，透料里面——从清透到樱桃红再到玫瑰红，红白料里面——从纯白到柿子红再到赭红。其实每一个颜色都很美，完全可以根据自己的心情和服装的搭配来做完美的选择。当然，更多的人喜欢樱桃红和柿子红，这只是表明大家的偏好比较多的那一部分，所以价格也相对更贵一些。但这并不能说明，其他色域就不值得收藏。

最后您对南红玛瑙未来发展持什么样的态度，现阶段投资收藏南红是否合适？

南红是中国的国色，红色在中国人心里的位置非同一般，它的装饰感、吉祥的寓意让人们很容易接受。最主要的是南红的质地本身也很给力。我看好南红！今年南红的价格虽然比去年要提升很多，但比起其他收藏品的价位方面还有很大的空间。现在应该是南红收藏的最佳时间，经过初期的验证，南红质地经得起考验，文化经得起追溯，工艺经得起开发。它能如此迅速地发展开来，证明消费者的认可度也在迅速地提高。

（采访 刘涛）

罗光明作品展示

　　如鱼得水雕花手镯，这是一款工艺特别的手镯，所有的花纹都设计在镯子的顶端，而不是传统的侧面。随行起伏线条流畅。

　　波浪里若隐若现的鱼儿传达着对女性最完美的祝福——家庭如鱼得水，事业游刃有余。

母爱雕件

丰收小雕件

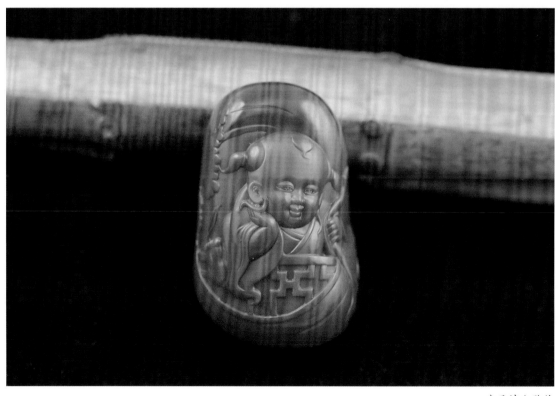

童子嬉鱼雕件

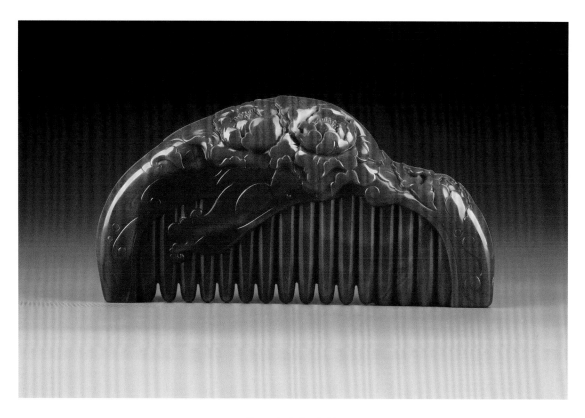

花开富贵复古梳

一梳梳到头，富贵不用愁；

二梳梳到头，无病又无忧；

三梳梳到头，多子又多寿。

童年对牌

清莲

如若能听你倾吐 那动词

绽放 在一夜疏雨

即便撕毁 沉没 残败

仍要留住

我唯一的挚爱

绝不带走那一瓣

夏末弥留的绚烂

如若能在你心上烙下 那形状

枯萎 在明月清风

即便已化 满地残梗

仍是不变

我灵魂的永恒

等你启唇 等你记起

上一个夏末

未曾遗忘的许诺

牧归

暮色浸染山林

红霞浸染天际

晚风 轻唤着歌谣

伴着石阶上的沙粒起舞

炊烟悄悄升起

探望着归家者的路途

和着牛蹄声渐进

山间尽是牧归的欣喜

蝶恋花雕件

九如美女

珠玉南红，润泽玲珑。
赤白俏色，相生相容。
线条有致，虚实交重。
洛神下凡，乘云踏风。
长发如瀑，披散若虹。
柳叶弯眉，剪水双瞳。
肌若凝脂，纤手如葱。
凝脂洗滑，出水芙蓉。
妙手徽真，曲异工同。

赤壁怀古雕件

黄文中

黄文中，1976年出生于两汉文化的江苏徐州，现任相王路玉雕专业委员会副会长，苏州市玉石文化行业协会理事，中国和田玉爱好者联盟常务理事，中国艺术品鉴定师，2011年被评为工艺品雕刻高级技师。

2002年创立苏州弄玉坊工作室，精通仿古，明清各种雕刻，作品，始终定位于精雕细琢，高端收藏为目的，力求每一件作品独具匠心，作品曾多次在全国各地举办的玉雕作品展会上获得荣誉和奖项。现为苏州市工艺美术行业协会单位。

南红雕刻大师 黄文中

获奖作品

2009年设计制作的《锦绣前程》荣获第十届"百花杯"中国工艺美术大师作品展——"优秀奖"

2010年5月设计制作的《府上四圣》荣获第二届苏州玉石文化节玉雕精品大奖赛——"银奖"

2010年6月设计制作的《罗兰归来》荣获中国工艺美术"百花奖"（莆田）作品展——"铜奖"

2010年8月设计制作的《罗兰归来》再次荣获上海第三届"英和杯"玉雕神工奖"——"最佳创意奖"

2010年10月设计制作的《济公》荣获中国玉（石）器百花奖（北京）作品展——"银奖"

2011年3月设计制作的《刘海戏金蟾》荣获第九届全国工艺品礼品"中艺杯"——"金奖"

2011年9月设计制作的《迎亲》荣获上海第四届"东明杯""玉雕神工奖"——"最佳创意奖"

2012年6月设计制作的《红袖》荣获中国玉（石）器百花奖（北京）作品展——"最具文化创意奖"

2012年6月设计制作的《梁祝》荣获中国玉（石）器百花奖（北京）作品展——"金奖"

2013年11月设计制作的《唐八骏》荣获苏州陆子冈杯作品展——"银奖"

黄文中作品展示

作品名称：红袖

作品采用优质的南红玛瑙为原料，两种颜色分得如此清晰实属罕见。每一环节的精雕细琢赋予了人物的灵动和惊艳。"红袖"即集美貌、才华、气质、思想和灵性于一身的女子，是传统中国文人梦寐以求的红颜知己……"千古文人佳客梦，红袖添香伴读书"。

2012年6月设计制作的《红袖》荣获中国玉（石）器百花奖（北京）作品展——"最具文化创意奖"

迎亲 非常俏皮的跳脱传统的做法，可以显现创作者的幽默与喜感。

作品名称：梁祝

作品材质为上等优质南红玛瑙，无伤无绺裂非常难得。雕工精湛，人物栩栩如生，梁山伯手拿折扇，潇洒倜傥；祝英台手持一秀面扇，笑容满面的紧依在梁山伯身旁，而两只蝴蝶围绕着他们翩翩起舞，活灵活现，给人以"蝶盟良缘一朝定，心若磐石永不移"的美好意境……

2012年6月设计制作的《梁祝》荣获中国玉（石）器百花奖（北京）作品展——"金奖"

海底世界

巧用南红冰飘料雕饰出海底世界的奇观，简单的线条和凸起，配着材质内有的草花、鱼群，整体丰满、有层次、令人神往。

《海的女儿》

　　人物五官清丽、娇美，面部的剔透材质造成光晕的效果，赋予她灵气与魅力。头发的线条流畅、飘逸，造型独特，整体给人梦幻、宁静的美好意境（图片提供 红颜赤玉）

张家栋

张家栋，1986 出生于湖南常德，自幼喜好画画，父母发现其爱好，着重培养其绘画，中学时代就打下扎实的绘画功底，后大学专业学习绘画，雕塑。2009 年进入玉雕设计行业，任职设计总监，从事南红、白玉、松石等设计，其设计作品荣获过国内诸多专业赛事大奖。

2012 年成立德缘玉舍玉雕工作室，源于美术功底深厚，工作室涉及题材比较全面，在设计理念上结合传统的玉雕造型设计，寻求突破；创新，形成自己独特的设计风格。在制作工艺上，追求精雕细琢，力求赋予每件作品灵魂和生命，体现其艺术价值。

获奖作品

《门神》《金刚》获 2013 年第三届中国玉石雕刻陆子冈杯银奖

《四神报喜》获 2013 年第六届玉石雕刻神工奖铜奖

南红雕刻大师 张家栋

张家栋作品展示

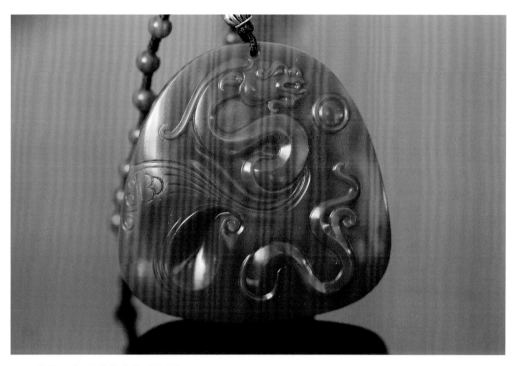

德缘玉舍 张家栋作品《龙牌》

德缘玉舍 张家栋作品《四神报喜》获 2013 年第六届玉石雕刻神工奖铜奖

德缘玉舍 张家栋作品《门神》获
2013 年第三届中国玉石雕刻银奖

德缘玉舍 张家栋作品 包浆料带皮作品《龙马精神》（图片提供 红颜赤玉）

德缘玉舍 张家栋作品 猴子头 白色猴头为南红玛瑙中的冰种，另外一款红色是南红玛瑙九口料中的包浆料制（图片提供 红颜赤玉）

德缘玉舍 张家栋作品《大日如来》联合料水红色（图片提供 红颜赤玉）

范民广

范民广，中国青年玉雕艺术家，海派玉雕大师。

1981年出生于山东济宁。1998年，来上海进入到玉雕行业，拜尤传山为师。2002年，在罗建明玉雕工厂里进修。2005年，创立自己的玉雕工作室。2011年，考入上海工艺美术职业学院玉雕大专班深造，2014年毕业。

南红雕刻大师 范民广

获奖作品

白玉《龙龟》获2010中国玉（石）器百花奖"金奖"

《貔貅》和田籽玉获2011中国上海玉（石）雕神工奖、（东明杯）评选活动"金奖"

《祥瑞》和田籽玉获2011首届中国玉雕刻"陆子冈杯"金奖

《招财》和田籽玉获2011首届中国玉石雕刻"陆子冈杯"铜奖

《瑞兽》和田籽玉获2011中国玉雕、石雕作品"天工奖"银奖

《大象》和田籽玉获2011中国玉雕、石雕作品"天工奖"优秀奖

《洋洋得意》获2011年"玉龙杯"优秀奖

《瑞兽》获2012中国工艺美术"百花奖"（莆田）评比"金奖"

《福寿财旺》获2012上海神工奖金奖

《封侯拜相》获2013上海神工奖金奖

《瑞兽》获2013上海玉龙奖银奖

范民广作品展示

　　吉祥，作品的材质为自四川凉山料，满肉满色，是非常典型的柿子红。象寓意"吉祥"，太平盛世等。整体来讲，外形完整，去芜存菁，对动物肢体的每个部位观察细致，显现出作者独特的雕工技艺

　　祥狮戏球，材质为四川凉山料，柿子红包玫瑰红。狮为百兽之王，是权力与地位的象征，也代表吉祥如意、有情有德。（引自《坤舆图》）动物神态自若，威猛霸气，用来把玩或收藏，能够彰显人的不羁个性

柿子红瑞兽戒指，材质为四川凉山料，非常天然的柿子红，鲜艳润泽。戒面上的狮子灵动、优美、线条流畅，具有较高的审美价值

独角兽，中国传统文化中的吉祥神兽，主太平、长寿。独角兽是人的想象的产物，寄予了人们吉祥的祝福和对美的追求

如意，材质为四川凉山料柿子红，质地均匀亮丽。雕工相对简单，但在简单
中却蕴含着流畅和谐的美

苏州弄玉坊黄文中作品 红白料《仿古印章》（图片提供 红颜赤玉）

实战篇

Shi Zhan Pian

1 南红收藏圈术语

在购买南红时，经常会听到卖家或者圈内玩家讲到一些术语，为让广大初级爱好者不致于发蒙，迅速了解南红市场状况，现将南红的一些约定俗成的术语简单介绍给大家。

满肉满色

满肉就是描述南红玛瑙无水晶、矿点和缠丝等杂质（俗称"三无"），是衡量一件南红玛瑙有无杂质的常用术语。其中具体有满肉柿子红、满肉玫瑰红、满肉柿子红夹玫瑰红、满肉冻肉。只要有水晶、矿点或者缠丝等任何一种杂质，都不能称为满肉。

满色就是描述南红玛瑙红色完整程度的常用术语，具体有满色柿子红、满色玫瑰红和满色柿子红夹玫瑰红等。一件南红玛瑙只要具有除红色以外的（如无色、透色、黑色和白色等）其他颜色夹杂都不能称之为满色。需要注意的是满色并不是纯色，除非是满色柿子红或者满色玫瑰红才是纯色的代表。满肉与满色通常在一起使用来形容高品质的南红玛瑙产品。

满肉满色弥勒佛雕件 叶海林作品（图片提供 善上石舍）

满肉满色观音雕件，叶海林作品，市场参考价1万元人民币（图片提供 善上石舍）

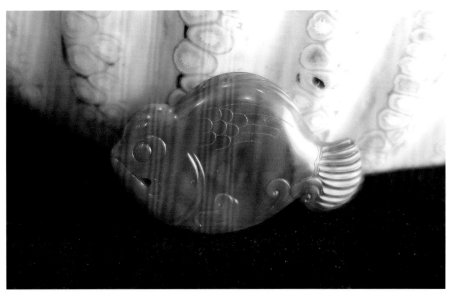

非满肉满色鱼化龙雕件，黄文中作品，市场参考价3万元人民币（图片提供 善上石舍）

满肉

肉是指南红玛瑙柿子红品种中的不水、打灯微透光但又透不过去的部分。满肉，即整个成品的所有部分都符合这个特征。

满红

指南红玛瑙成品，所有部分都是红色的。"满红"可能部分有肉（打光透不过去），或者完全没有"肉"（打光能投过去）。

非满肉满色亭亭玉立小雕件（图片拍自 北京潘家园旧货市场）

冻肉、红白与水晶

❈ 冻肉和水晶

　　冻肉是近年南红玛瑙市场上比较流行的术语，玩过寿山石的人知道，其实就是高结晶的浅色南红玛瑙。特点是细腻、透明或半透明、胶质感强，似果冻。冻肉也有多种颜色，常见的有荔枝冻、白冻和柿子冻等。冻肉常与柿子红、玫瑰红伴生，经过大师的巧妙构思和雕刻，常常有意想不

冻料原石（图片提供 色特阿诺）

冰清玉洁（图片提供 翠微雕刻艺术）

柿子红和果冻料的巧色雕件 蝴蝶梦（图片提供 翠微雕刻艺术）

冻料双鱼佩，巧妙的运用色调分离形成对鱼（图片提供 翠微雕刻艺术）

到的效果，极具个性，也为广大藏家所喜爱。

水晶是南红玛瑙的伴生矿，无论是原石或者成品，出现水晶，意味着杂质的渗入、品质大大降低。水晶最大的特点就是没有胶质感、发白和发干，类似冰渣的感觉。

❀ 红白南红和缠丝南红

红白南红玛瑙是南红玛瑙中比较有特点的品种，是红色玛瑙和白色玛瑙形成明显分层，一体同生，白色部分瓷实、细腻，红色部分颜色均一。

红白料原石（图片拍自 北京潘家园旧货市场）

红白料雕件 吃水不忘挖井人（图片提供 善上石舍）

红白料南国佳人雕件（图片提供 翠微雕刻艺术）

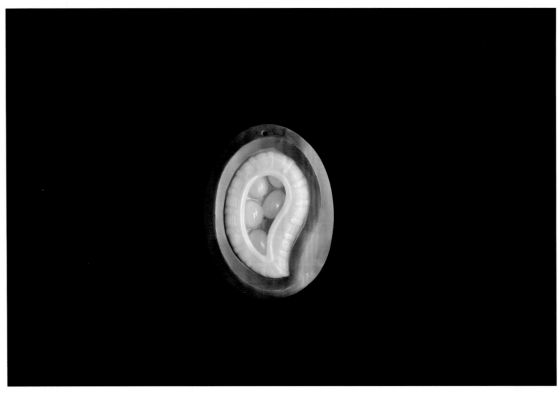

红白料鸡笼鸡蛋雕件（图片提供 翠微雕刻艺术）

红白料佛景一枝花雕件（图片提供 翠微雕刻艺术）

正面　　　　　　　　背面

仙剑情缘红白雕件（正面），罗光明作品，市场参考价 10 万元人民币（图片提供 善上石舍）

红白料美女雕件（图片提供 王明）

缠丝料水滴状吊坠（图片拍自 北京潘家园旧货市场）

红白南红玛瑙很稀少，高品质的红白南红玛瑙往往可以和同品质的柿子红或玫瑰红比肩，市场价值不言而喻。

　　缠丝南红玛瑙如果从广义上来说也是红白南红玛瑙的一种，只不过是红色玛瑙和白色玛瑙分层密集，截面形成白色红色互相缠绕的丝线状，目前市场价值较低。

锦红与玫瑰

　　柿子红南红玛瑙整体呈现柿子红色，是市场认可度最高的南红玛瑙。满肉满色的柿子红南红玛瑙比较稀少，目前市场价值已经很高。

柿子红南红手牌与珠链，青金石的点缀，让南红的色彩更醒目鲜艳

柿子红南红玛瑙隔珠手串（图片拍自　北京潘家园旧货市场）

　　玫瑰红南红玛瑙整体呈玫瑰色，据笔者所知高品质的玫瑰红南红玛瑙只在四川凉山地区出产，特别以美姑县瓦西乡的最为出名，产量稀少更甚于柿子红。目前市场价值正在大幅提升，广大玩家或者藏家遇到价格合适的一定不要错过了。

玫瑰红小鱼雕件（图片拍自　北京潘家园旧货市场）

柿子红（皮）玫瑰红（肉）弥勒佛吊坠（图片提供　刘涛）

火焰红与缟红

  火焰南红玛瑙是川料南红玛瑙中最具特色的品种之一，因其纹理酷似火焰而得名，主要包括玫瑰红火焰南红玛瑙和柿子红火焰南红玛瑙。其中以颜色艳丽，火焰纹形象者为上品。目前市场上品相上好的火焰纹南红玛瑙产量不大，具备一定收藏价值。

  缟红南红玛瑙就是南红玛瑙中深浅不同的红色交织在一起，形成缤纷色彩的一类南红玛瑙。换言之我们常说的柿子红夹玫瑰红就可称为缟红南红玛瑙，而火焰南红玛瑙在广义上也可归为缟红南红玛瑙。这类南红玛瑙在川料中是最为常见的，由于色彩纷繁，适合加工珠子等文玩配饰。

火焰纹南红玛瑙桶珠（图片提供 南红那些饰）

缟红南红玛瑙扁珠手串（图片提供 南红那些饰）

一路连科雕件，柿子红与梅子红缠绕在一起，背面可见交织的缤纷纹路，非常漂亮。

冰飘与草花

冰飘南红是借用翡翠的冰种飘花之意，其实就是冻肉玛瑙中分布着规则或者不规则的红色朱砂带。以其水透飘逸的特性受到广大年轻女性喜爱，目前市场价值还不高。一条品质较好的冰飘南红项链大概1000元左右就能买到。

草花南红是冻肉玛瑙中，含有草花样的朱砂或者其他矿物，与黄龙玉草花形成相似。特点是多裂，草花图案丰富，意境较好。目前市场价值比较合理，大块头的高品质草花南红比较稀少，值得收藏。

冰飘吊坠

草花原石（图片提供 刘涛）

草花图案由小颗朱砂点组成

2 南红各地市场

西昌

西昌是四川凉山彝族自治州州府所在地，由于靠近川料南红产地美姑县，使西昌成为全国川料原石的重要集散地，可以说无论是商家、工作室，还是爱好者，无不把其当作南红玛瑙的朝圣之地。

西昌市南红玛瑙交易市场有两处，民族风情园和上西街，以民族风情园为主，是一个自发交易市场。过去以买奇石为主，南红玛瑙也在其中，由于南红的一枝独秀逐渐演变成了现在的南红玛瑙市场。近年，随着南红玛瑙的迅猛发展，风情园越发热闹，各地石商、工作室、爱好者蜂拥而至，民族风情园在南红玛瑙收藏圈名噪一时。

大凉山玛瑙城卖南红珠链的小摊（图片提供 季冬平）

❀ 大凉山玛瑙城

2013年9月30日西昌大凉山南红玛瑙城正式开业，民族风情园沿街摆卖时代结束，也标志着当地政府对南红玛瑙市场管理的规范和加强。当然南红玛瑙城的开设，也带来了原石流通成本的上升，因为每个商铺或者摊位都是收费的。西昌南红玛瑙市场从以原石交易为主发展到原石和成品交易并重的格局。由于西昌本地缺乏玉雕传统和人才，大多成品雕件都来自苏州，而珠子则大多来自广东，因此不建议爱好者或者藏家在西昌购买南红玛瑙成品。

西昌市场上的南红原石品质参差不齐，需要有足够的原

西昌大凉山玛瑙城（图片提供 季冬平）

石选购经验和砍价水平才能买到质优价良的原石。至于购买质优价廉的原石则要靠运气了，那就是赌石。据说最近西昌一石商以千元价格买了一块从外表性状判断绝对是乌石的原石，结果开出高品质的南红玛瑙，转手卖了几十万元，这一财富神话，使大家对赌石趋之若鹜。

大多来到西昌的南红爱好者或者商家，除了采购原石外，都会想去美姑县矿区看看。在西昌汽车东站可以乘车、每日6：30~13：30每小时一班，车程大概六小时，沿途经过昭觉县、大箐梁子，风景不错。自驾的朋友注意了，路况实在不好，不是越野车就不要考虑了，笔者160公里可是开了8小时，爆胎一次，在彝族朋友色特阿诺的帮助下才到达美姑县。从2012年开始，美姑县政府是严禁南红玛瑙私挖滥采的，因此如果在美姑购买原石是有政策风险的，很有可能被当地政府收缴，因此建议大家看看就好了。美姑南红原石价格其实和西昌价差不是太大，因为当地石农对外地客商开价都很高。

大凉山玛瑙城内，顾客在挑选小雕件
（图片提供 季冬平）

大小不一的明料南红原石，在并不专
业的情况下，笔者建议买明料原石去加
工，规避了很多风险（图片提供 季冬平）

目前南红原石经过 2012 年的上涨，通货开口原石从几百元至几千元以上一斤不等，而中高档开口原石则在 30 至 100 元以上每克。因为开口料原石都有赌性，以上价格区间仅供参考了。明料原石按照成色从 100 元到 1000 元每克的都有。

保山

保山作为历史最悠久的南红玛瑙产地在南红玛瑙市场上有着举足轻重的地位，保山料南红玛瑙在相同品质的情况下，价格往往大大高于川料南红。保山南红玛瑙原矿产自保山市隆阳区杨柳乡，当地政府早已封矿。现在市面上的保山南红玛瑙原矿多是偷挖出来的。据了解，最近在保山和大理交界处也发现了南红玛瑙原矿，只是具体位置不得而知。

保山比较集中的南红市场有三个，最著名的是隆阳区"农民街"，历史上主要交易农特产品和农具，现在已经成为名副其实的珠宝街和花鸟市场，每逢周日赶集，以南红原矿和成品销售为主，成品工艺普遍较差。第二个是保山市隆阳区沙坝街集市，以珠饰销售为主，每逢周六赶集。第三就是保山市隆阳区珠宝城，集中了十多家南红商家，以销售成品为主，品质较高，雕件多为外地加工。

目前保山没有类似南红玛瑙城的集散地，各地商家拿货主要到"农民街"和"沙坝集市"淘货。由于资源枯竭，高品质保山料是一石难求，价格飙升。另外由于是赶街集市，南红玛瑙品质参差不齐，卖家普遍开价也较高，这就需要大家的火眼金睛和耐心砍价了。曾有一朋友为拿货创造砍价3小时的记录，直接把卖家说晕，真是佩服。

保山沙坝街，客人在买南红小料，主顾交流中（图片提供 季冬平）

小颗南红原石放在水里，这样红色更鲜艳靓丽，卖相好（图片提供 李冬平）

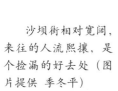

沙坝街相对宽阔，来往的人流熙攘，是个捡漏的好去处（图片提供 季冬平）

苏州

苏州从清中期开始，就是中国最著名白玉加工中心。据说，当时的扬州工太过细致，镂空雕刻很是繁复，乾隆皇帝很是不喜欢，因为珍贵的玉材都这样白白地浪费了，认为这样伤了玉的神韵。从那时起苏州就逐步取代扬州成为我国的玉器加工重镇。

川料南红玛瑙的异军突起，可以说和苏州密不可分，近年优质白玉的稀缺和价格的高涨，使得许多玉雕工作室转而寻找其他优良材质进行雕刻创作。南红玛瑙以其温润的玉质，丰富的颜色，受到许多知名玉雕工作室的青睐，精品不断面世，并且在各个国家级玉雕评比中屡获大奖。这无疑加快了南红玛瑙的普及，大大提高了南红玛瑙的知名度。可以说没有苏州大师们独具匠心的雕刻，南红玛瑙也许就深藏闺中无人知了。

苏州玉器加工作坊数不胜数，现在大多都会从事南红雕刻，这里笔者就几个集中的地方进行介绍。低端玉雕加工主要集中在苏州市西面的光福镇，在镇子的中心有一条长约 300 米的街，两面全部是玉雕作坊。加工相对粗糙，产品雷同，主要是批发商采购，散客很少光顾，最终流向各地，面向低端消费人群。中端玉雕加工主要集中在苏州城里的相王弄，是十全街上的一条支路。相王弄是玉石爱好者和各地玉商最喜欢去的地方，从低档到高端，各种题材，应有尽有，但也要经常来淘才有机会遇上称心的，因为玉商很多，一般作坊里也没有几件成品玉。高端玉雕加工当然要数知名工作室了，现在从事南红雕刻的知名工作室有杨曦的南石工作室、侯晓峰的一户侯工作室、范同生的文同轩工作室等。

广东

揭阳市位于广东省东南部，揭阳市玉器加工始于清朝末年，主要以翡翠加工为主。发展至今已有百年历史，如今的揭阳拥有中国最完备的中高档玉石营销市场和生产加工基地。

揭阳玉器加工市场主要集中在三个地方，一是揭阳乔南玉器中心，主要以翡翠加工销售为主，南红相对较少。二是揭阳古乔（乔西）白玉市场，这里南红加工销售较多。最后就是揭阳阳美玉都了，因为几乎全是是翡翠加工销售，本文就略过不提。目前南红雕刻和欣赏受到白玉影响较大，审美和评判标准类似白玉，因此在雕刻白玉的聚集地，一般都能看到南红的身影。

❄ 揭阳珠宝城掠影

满色满肉柿子红 108 颗女款手链配湖北原
矿绿松石 指导价 3500 左右 (根据配件品质上
下浮动) (图片提供 红颜赤玉)

南红雕刻在揭阳是不能与苏州相提并论了，无论是影响力、知名度都无法企及。但在广东揭阳、深圳、广州和潮汕地区遍布大大小小的珠饰加工厂，珠子加工业相当发达。这就不能让广大南红玛瑙珠饰商家和爱好者忽视了。据了解目前90%以上的南红珠饰加工是在广东完成的，有着天下珠饰出广东的说法。

北京

❀ 潘家园旧货市场

潘家园，北京地铁10号线潘家园站下车即到，国内有名的淘宝集散地，也是北京悠久历史、文化源远流长的见证地。在潘家园的地摊上，每隔三四家便有一家卖南红的。笔者走访时已是初冬，南红玛瑙珠链、手串以及数以万计的珠子堆在一起，一股热火朝天的喜气劲儿。各种珠子、手串、珠链、小雕件应有尽有，还有少见的老南红料。在潘家园买货，要与老板套瓷（北京话，套近乎的意思），没准你能用心满意足的价钱买走他的压箱底儿货。

自己买来带着玩或者送亲戚好友，或者是地质大学的老师讲课需要的原石小标本，都建议去潘家园淘。所谓淘宝，就是期望以较低的价格买进物超所值的宝贝，普通人买个小玩意儿期望以后能升个值，也算是一种理财之道。玩着就能赚钱，何乐而不为呢。

熙熙攘攘的潘家园的旧货市场北门（图片拍自 北京潘家园旧货市场）

君汇古玩城（图
片拍自 北京潘家园
旧货市场）

卖南红的摊位，顾客在挑选珠链。挑选珠链时，最好能与朋友同行，
戴在身上让他（她）帮你看效果（图片拍自 北京潘家园旧货市场）

　　笔者去潘家园考察就有几个藏友跟随，买几串颜色还好，满肉满色的
南红珠链，以后拆开串成手串，用来送给好友，是非常不错的选择。

　　潘家园附近有一家君汇珠宝城，里面有南红的专卖店，要是想买到雕
刻大师的作品或者更新奇时尚的南红饰品可以过去逛逛。大多数人认为，
同样的东西专卖店可能会贵很多，但是据笔者调查，南红珠子的价格地摊
和专卖店差不多，甚至有的地摊的珠子价格比专卖店还要高。所以，生活
有太多变数，人若有定式思维，行动就受限了，选择也会少很多。

　　买东西这事也讲究个天时地利人和，选对不选贵，贵一些就贵一些，
和气生财，买贵是买路。通过买东西，主顾交流，增长了不少关于南红的
知识，又交了朋友，那么即使这家比邻家贵出一些又何妨。

南红摊位，老板在整
理自己的宝贝（图片拍自
北京潘家园旧货市场）

顾客在挑选称心的
南红小雕件（图片拍自
北京潘家园旧货市场）

笔者在挑选战国红珠
子小标本，供讲课用（图
片拍自 北京潘家园旧货
市场）

南红蛋面，一个两
三百（图片拍自 北京潘
家园旧货市场）

参差不齐的南红玛
瑙原石，每个五元（图
片拍自 北京潘家园旧
货市场）

各式各样的南红玛瑙珠
子，价格从一百到三百元
不等（图片拍自 北京潘家
园旧货市场）

大颗扁珠，100元每颗（图片拍自 北京潘家园旧货市场）

樱桃红手串 每串1000~1500元人民币（图片拍自 北京潘家园旧货市场）

川料珠子，25元每颗（图片拍自 北京潘家园旧货市场）

联合料的南红手串，要价4000元人民币（图片拍自 北京潘家园旧货市场）

潘家园小摊上未抛光的方南红小雕件，一百元一个（图片拍自 北京潘家园旧货市场）

君汇珠宝城南红专卖店里的南红小雕件，两百元一个。买来送亲戚朋友的小孩，是不错的选择（图片提供 善上石舍）

川料柿子红手串，参
考价两万元人民币（图片
提供 善上石舍）

红白料力争上游雕
件，苏州弄玉坊黄文中
作品 市场参考价3~5
万。（图片提供 网店红
颜赤玉）

柿子红祥龙雕件，罗光
明作品，市场参考价3万元
人民币（图片提供 善上石
舍）

苏州弄玉坊黄文中作品《赤蛇》市场参考价5万（图片提供 红颜赤玉）

仿古龙牌，李栋作品，参考价8000元人民币（图片提供 善上石舍）

弥勒佛雕件，叶海林作品，参考价1万元人民币（图片提供 善上石舍）

九口料南红珠子，
180 元每颗（图片提
供 善上石舍）

联合料南红珠子，
150 元每颗（图片提
供 善上石舍）

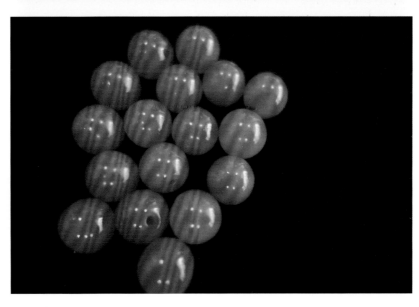

买珠子要比较颜色
和瑕疵，色泽亮丽，瑕
疵少的当是首选（图片
提供 善上石舍）

❀ 十里河古玩市场

如果说潘家园是逛街购物淘宝集散地的话，十里河就是批发商和零售业者的天堂。这里有最丰富繁荣的南红货源供应点。地铁十号线潘家园的下一站便是十里河站，十里河也有类似潘家园的地摊，随便逛逛买些自己喜爱的小玩物还是不错的。若是商家，搞南红销售可以去红石坊或者它附近的品华宫，里面有家永昌南红，做南红从原矿到加工、从饰品雕件专卖到拍卖一条龙，能够接触到销售上游阶段的流程和最新资讯。

十里河红石坊，北京南红主要批发地（图片拍自 北京十里河古玩市场）

在红石坊旁边的品华宫，也有南红批发零售的店家（图片拍自 北京十里河古玩市场）

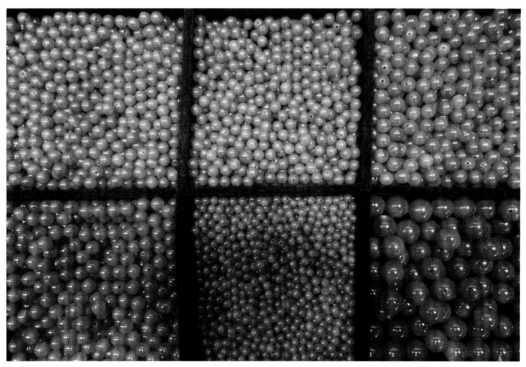

在南红批发店里的珠子，整盒买比单买要便宜四五成。售价100元每颗，整盒买50元每颗（图片拍自 北京十里河古玩市场）

战国红算盘珠手串，售价680元人民币（图片拍自 北京十里河古玩市场）

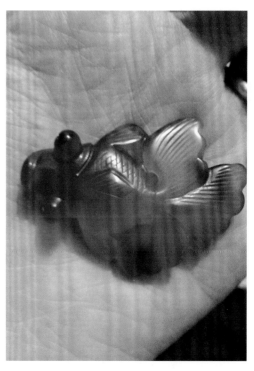

在红石坊内写着南红批发的店家，其实也有一些烧红玛瑙饰品，因而消费者在购买南红的时候一定要慎重。如图中烧红玛瑙小鱼吊坠，如果老板要价超过一百那就是虚高了。

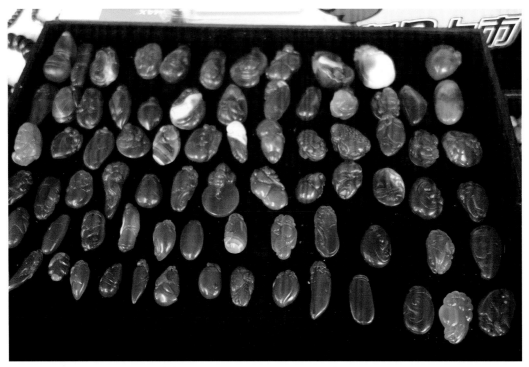

　　各种南红小雕件，雕工相对差一些，但是相比它的价格，也算物美价廉了，200~300
元一个（图片拍自　北京十里河古玩市场）

　　各种形状珠子的南红手串，价格有三五百块的，也有过万的（图片拍自　北京十里
河古玩市场）

选南红珠链主要是看颜色，满肉满色、色泽浓艳是首选，市场参考价 2000~3000 元（图片拍自　北京十里河古玩市场）

南红玛瑙手串，粗犷和纤柔小巧的造型，你会中意哪一种呢（图片拍自　北京十里河古玩市场）

　　老南红，据历史记载产自云南保山，因而具备保山料的鲜艳红润，胶质感强的特征，市场参考价3000~5000元（图片拍自 北京十里河古玩市场）

　　南红玛瑙大颗随形手串，是很多男士的钟爱（图片拍自 北京十里河古玩市场）

川料南红珠链，要价在 1500~2000 元人民币（图片拍自 北京十里河古玩市场）

老南红珠链（图片提供 永昌南红）

　　南红原石小料，挑一块不错的，出门就可以找到加工的地方，这种体验本身已足
够让人着迷，市场参考价30~50元（图片拍自 北京十里河古玩市场）

川料樱桃红珠链，
市场参考价 2000 元

上海

上海南红玛瑙市场起步比北京晚，消费规模和商家集中度都远不如北京。但上海作为重要的玉器消费市场在全国举足轻重，可以说南红的发展离不开上海这样中心城市的推动。

据上海知名玩家大伟介绍：上海南红玛瑙消费群体相对固定和封闭，大多数消费者还没有接触或了解南红是什么，商家也比较分散。目前上海南红玛瑙销售主要在豫园商城和虹桥珠宝城等少数几个地方。近年随着南红玛瑙的普及，已经有很大一部分上海消费者开始认识到南红玛瑙之美。大伟以自己的亲身经历告诉我说，朋友太太过生日他送了个南红戒指，后来那位太太亲自找到他，要求要十个类似的戒指，价钱好商量。大伟表示美的东西一定会有人喜欢，他对南红在上海的市场前景非常乐观。

目前南红玛瑙在上海最大的商家是位于上海市建国中路 139 号的"自然贞宝"，主营中高档南红成品，在上海的朋友有兴趣可以去逛一逛。

3 南红的投资与收藏

南红投资收藏趋势

　　南红价值等同于台湾蓝玉髓以及珊瑚。主要收藏人口分布在北京与西藏地区，在全世界其他地区无法流通。市面上常有加热处理变红、甚至染色的玛瑙，都需要专家协助鉴定，避免花冤枉钱。你问我南红热能持续多久，我也说不准。看着一波一波人潮到潘家园淘南红，就可以知道这才是比较接地气的宝石。花个几百几千就可以把玩好几年，甚至传给下一代。当然料子越大，**雕工越精细，收藏的价值就越高**。也要注意看整体造型与雕工创意，另外材质也是首先要注意的。

　　一般的红碧玉虽然成分相同，但是没有这种光泽，很显然是不同的品种，价钱也是相差十万八千里。多与南红收藏家交流，大家互通消息，提升自己的鉴赏能力，每一个人都可以是南红的鉴赏行家。若是有心想收藏，大概就是从珠子类、手串与把玩件着手，收一些卖一些，赚回成本再买一些，保留2~3件精品不卖。这是所有藏家都懂的事。至于是否收藏老

买南红雕件也要挑颜色，雕工差不多的情况下，红色越艳价值越高（图片拍自　北京潘家园旧货市场）

南红，就看自己意愿，一颗珠子少则几百，多则一两千。多讲一些历史故事，把生意这档事摆在交朋友后面，当大家都是好朋友时，生意自然而然就成交了。

不同的颜色价值不同

我们按颜色可将南红分为：柿子红、柿子黄、朱砂红、红白料、樱桃红。

❀ 柿子红

南红中，柿子红最为珍贵也最受人追捧。其特色：红、糯、细、润、匀。颜色以正红、大红色为主色，名家出手的手把件作品都是十几万以上的行情。小吊坠也有上万元行情。

柿子红手串，好一点的要上万元人民币（图片提供 追唐）

玫瑰红、柿子红小鱼雕件（图片提供 翠微雕刻艺术）

❀ 柿子黄

颜色偏黄，油润且色匀偏不透，市场上有一定的客户群喜爱。精致好创意的老师傅手把件作品也有三到五万的行情。小吊坠在几千到上万元不等。

柿子黄貔貅雕件

柿子黄小鱼雕件

❀ 朱砂红

　　红色主体对着灯光可以明显看见由朱砂点聚集而成，主要是半透明。有的朱砂红的火焰纹甚是妖娆，有一种独特的质感。老师傅巧雕的手把件有两三万的行情。小吊坠也有几千元的价值。

朱砂红戒面（图片提供 追唐）

❀ 红白料

红颜色与白色相伴生，其中红白分明者特别罕见，须要大师巧妙地设计雕刻，方能呈现意想不到的艺术效果。通常以雕刻山水动物或是人物佛像居多。小的红白料吊坠约上千元到四五千就可以买到，是比较平价的南红料。红白料也最常用来制作珠链手串，4~6mm（直径）的大约一两千元一串。

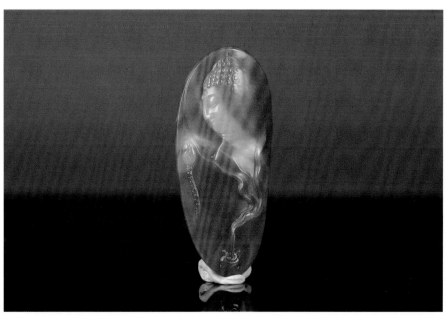

红白料俏色仕女雕件

红白料五鼠运财雕件

❀ 樱桃红

　　樱桃红就是偏橘红色。以四川联合乡出产为主，质地较为通透，晶体相当细腻。当然质地有好的就会有差一点的，甚至还有部分拿去云南保山充当云南南红来卖。个人认为，选料看颜色、温润度、油脂、外形、厚度等。颜色是首要选项，有无白色纹路就看如何发挥巧思去创造出吸引眼球的作品，您说是不是呢？

川料樱桃红戒面

未作抛光处理的樱桃红蛋面（图片提供　善上石舍）

南红玛瑙拍卖要诀与收藏投资要点

目前南红玛瑙买卖大体分成原石（矿）与雕刻成品。

原石买卖分类：50克以下一个等级，50~200克是一个等级，200~500克是一个等级，500克以上又是一个等级。成品买卖20克算是一个分水岭。20克以下算小，价值上就没那么高，适合把玩佩戴。20~30克以上纯色就相当不错，可以收藏投资。100克以上就相当少见，500克以上纯色摆件就算是珍藏级别（柿子红或玫瑰红）。同样级别颜色50克以下，每克价钱约只有500克级别的五分之一。因此不管是哪个产地，**原矿越大杂质越少，颜色越纯，未来升值空间越高**。

好的原料不急着脱手，超过拳头大小，只要经济过得去，每一年粗估的有50%~100%的成长空间。至于未来，玫瑰色与红白料也会大幅成长，少部分商家也开始大量囤冻料原石。南红玛瑙基本上就这两年才开始升温，市面上能找到的参考书籍，可说是寥寥无几，未来通过电视媒体或者是开班授课关注南红的人数增加，必定还会有许多游资会进入南红市场，花个一百到三五百万囤料的大有人在，与买翡翠原石相比，这简直是太小的投资了。

在南红批发市场也有不同大小、品质较好的原石小料可供挑选，感兴趣的朋友可以去碰碰运气，市场参考价300~500元（图片拍自 北京十里河古玩市场）

❀ 珠子料投资

　　A 级别 1.5mm 以上满肉鲜艳纯色珠子稀少，颜色好且干净者，未来可以大把大把地买。单珠也值得收藏。0.8mm 以上 108 颗念珠也不要错过。中国目前流行带手串与佛珠，加上藏传佛教盛行，买不起珊瑚者，退而求其次就会购买南红玛瑙，这市场将会是无限大。花个几千到上万块买手串或项链者大有人在，不管是装饰还是礼佛都是商机无限。当然最好是边收藏边卖，越大颗就留着自己收藏。火焰等 B 级别珠子，2.0mm 以上手串值得收藏，**同等品质越大越值得收藏**。目前最大颗的珠链大概有 3.5mm，因此能挑到大颗颜色好的南红玛瑙都不要错过。（请参考 130 页珠饰分级）

在珠子品相差不多的情况下，请尽可能挑选大小相同、肉色构成一致或者相似的珠子，因为这样才容易串出一条和谐、有美感的手串，市场参考价 50~100 元

手串挑选要尽可能挑选珠子颜色红润、均匀，无杂质的大颗，越大价值越高（图片拍自 北京十里河古玩市场）

❀ 雕件或小摆件投资

　　雕件与摆件可以依照自己喜爱，收藏名家或者是做工精致的作品。选购时还是要注意体积大小，是否纯色。目前拍卖市场价钱按大小件分，小件 1~3 万，中件 3~5 万，大件 10 万以上。目前大师的工钱，少则数千，多则好几万，要看做工与体积大小，而且不是随时都可雕，有的甚至要排队一年以上。我个人还是看好名家的作品，重量超过 100 克，纯色鲜艳，意境幽雅，雕工创新，收藏五到十年，未来都有翻好几倍的升值空间。除了投资外，也可以传家收藏，更是企业家的艺术水准和文化内涵的象征。

在南红批发市场，能在众多参差不齐的雕件中淘一件自己中意的宝贝还真不是特别容易的事

与批发市场相比，专卖店的雕工要精细一些，价位也相对高

2014年南红投资拍卖最新趋势

2012年以来大大小小的文玩圈、朋友圈似乎掀起了一股红色风暴，投资收藏南红玛瑙在收藏圈蔚然成风。收藏界新宠、投资界新贵尘嚣直上，电视、广播、新闻的宣传更是让南红玛瑙有忽如一夜春风来之感。但诚如马未都老先生所说，投资收藏绝不能跟风，要理性收藏；另外投资收藏不可偏激，要用家里的闲钱投资收藏，当然打算开店的读者不在此列。

2013年西昌大凉山玛瑙城开业，结束了风情园南红玛瑙买卖的无序状态，苏州玉石文化行业协会南红专业委员会成立也让南红玛瑙在雕刻界有了娘家，这一切让我这个收藏爱好者甚感欣慰，南红玛瑙从小众文玩向大众收藏迈出了关键一步。

如果说2013年是南红玛瑙收藏元年，个人认为也毫不为过。随着2014年的到来，南红收藏将出现两大趋势。

❀ 南红市场价格会出现明显分化

打破自2011年至今三年以来的普涨格局。一方面质地优良、色彩纯一鲜艳的中高端南红玛瑙将进一步上涨，市场稀缺价值得到进一步体现；另一方面产量较大的普品、通货价格将稳中有降。

按产地品种来说

A级保山料南红珠饰涨幅将高于同等品质川料南红，与川料南红珠饰的市场价值的差距进一步拉开。而高品质的川料南红雕件、把件上涨幅度

龙形佩，黄文中作品，参考价20000元人民币（图片提供 善上石舍）

双鱼雕件，黄文中作品，参考价20000元人民币（图片提供 善上石舍）

将高于保山料，与保山料的市场价值进一步缩小，但总体来说同等品质保山料南红价格仍高于川料南红价格。

按颜色来说

纯色锦红、柿子红经过三年的快速上涨，预计2014年涨幅会有所放缓，而优质纯色玫瑰红、优质红白料、优质巧色冻料预计会有一轮补涨，建议各位藏家、工作室和商家可以从颜色上进一步挖掘南红价值，逢低出手。

❀ 名家亲工是首选

随着南红价值的回归，名家作品、专业首饰镶嵌作品将会越来越得到广大南红藏家的青睐，而赌石、原石收藏则逐渐成为专业爱好者、工作室和商家的偏好。

从投资角度来说，名家亲工作品是首选，无论是南红玛瑙还是其他玉器，名家亲工作品永远是稀缺的，升值空间也最大。据笔者所知名家亲工作品一年3至5件已经算丰产，能遇到一件自己青睐的大师的亲工作品，而又有幸收入囊中，那是何等快事。其次是名家工作室作品，名家工作室

242

作品多由名家设计把关，由工作室人员雕刻，相比普通作品保值升值空间也较大。从收藏角度来说，质地优良、颜色纯一鲜艳的南红玛瑙，无论是成品还是原石都值得收藏，但需要相当的收藏知识和鉴赏能力。在本书中，笔者多次提及，南红玛瑙原石赌性仅次于翡翠，全赌料赌性更不亚于翡翠，没有多年玩石经验，建议不要冒然参与为好。

❁ 年轻的雕刻师坚持才能逆袭

2014年三月、五月走访北京潘家园、十里河、河南镇平石佛寺、广州荔湾、广州海丰可塘等地，发现许多商家都改卖南红珠子与雕件。不管是川料还是保山料都卖得红红火火，令在一旁卖碧玺的商家红了眼睛。

整体来说许多商家、摊贩原本接触翡翠与白玉生意，现在原料难求，加上价格高昂，南红沉寂多时，如今再次粉墨登场，不减当年英姿，买料来做成品珠子与雕件对这些业者来说驾轻就熟。许多白玉的雕刻师也加入生产南红的行列。各地矿区封矿新闻，让许多投资者跃跃欲试，在许多产品投资无门下，疯狂的抢进南红市场，无论是原石还是珠链手串与接口，精致到雕工作品通通收进来再说。可以说资金太多了，没地方去。电视上天天报导，南红要不红也难。

网购南红要有卖家无条件退货承诺

需要特别提到的是网购南红玛瑙，近年网购珠宝玉石呈现几何级增长，南红也不例外。网购南红玛瑙需谨记以下几点：一是必需通过淘宝交

大展鸿图，黄文中作品，参考价20000元人民币（图片提供 善上石舍）

仿古龙，黄文中作品，参考价 20000 元人民币（图片提供 善上石舍）

易，货到后付款，先款后货是没有任何保障的，曾有朋友因此被骗；二是卖家必需承诺无条件退货，倘若卖家以打折货品或其他理由不承诺退货，那么最好不要考虑购买；三是南红玛瑙拍摄比较有难度，阳光、灯光下会更显艳丽，购买时可以请卖家尽可能提供不同条件下的对比照片，以便对质地颜色进行分析判断；四是尽可能和卖家做细节沟通，比如裂纹、水线等瑕疵是否已经了解清楚，尽可能减少不必要的误解。另外网购原石笔者不建议，特别是赌石，没有上手无从判断好坏和赌性。当然，有固定渠道或者相熟朋友除外。另外如果金额较小，而你也不心疼的话，可以玩一玩，一笑而过。

用鉴定证书保证自己权利

目前国内开的证书上鉴定结果只会写玛瑙。再来就是染色的南红市面上也流行起来了，除此之外也有加温改色的南红。讲直白一点，这一些染色与加温变红的红玛瑙就不值钱了。消费者不管是在各地古玩城商家买还是在潘家园地摊买，都要记得跟对方要名片，若是购买好几千甚至好几万的南红玛瑙更有必要要求卖家出具国检、国首检、北大鉴定所等相关有公信力的鉴证书，来保障自己的权利。

近年南红成品拍卖成交情况

博观拍卖是目前国内较系统的南红拍品的公司。2013 年春拍有南红拍卖专场，2013 年秋拍也有相当数量价值不菲的南红拍品成交。

❀ 2013 年博观拍卖秋拍①

编号 10371，3.7×2.6×2.0cm 26.5g，侯晓锋 南红玛瑙弥勒挂件，质地满肉满色柿子红，质地佳。成交价 62000 元。

编号 10373，3.8×2.8×1.2cm 19.2g，侯晓锋 南红玛瑙弥勒牌，质地：满肉满色柿子红，质地佳。 成交价 60000 元。

编号 10387，7.5×6.5×4.6cm 263.6g，李剑 南红玛瑙事事如意把件，成交价：52000 元。

编号 10477，5.8×4.6×2.6cm 74g，赵琦 南红玛瑙和合二仙把件，成交价 40000 元。

编号 10491，3.4×3.3×2.4cm 36g，3.3×3.1×2.1cm 29g，赵显志 南红玛瑙瓜瓞绵绵一对，成交价 32000 元。

柿子黄弥勒佛，叶海林作品，参考价 30000 元人民币（图片提供 善上石舍）

---

① 北京博观国际拍卖有限公司
地址：北京市朝阳区三间房东路一号"隆文化产业创意园"10 栋
电话：010-65769968　65760069
网址：http://www.boguanpaimai.com　　pm@boguanpaimai.com

编号 10214，4.2×2.7×1.6cm 23.5g，柴艺扬 南红玛瑙清廉挂件，成交价 18000 元。

编号 10258，5.6×3.2×1.4cm 39g，胡慧君 南红玛瑙仙鹤挂件，成交价 15000 元。

编号 10263，4.7×2.4×1.7cm 28g，罗光明 南红玛瑙望夕阳把件，成交价 20000 元。

编号 10264，4.2×3.2×1.8cm 37g，罗光明 南红玛瑙桃红映纱帘挂件，成交价 25000 元。

编号 10265，5.7×2.8×2.4cm 50g，罗光明 南红玛瑙与子偕老把件，成交价 28000 元。

❀ 2013 年博观拍卖春拍

编号 9540，3.4×2.8×1.2cm 16g，罗光明 南红玛瑙红丝巾挂件，成交价 12000 元。

编号 9541，5×5×1.9cm 27g，刘仲龙 南红玛瑙双兽耳炉，成交价 18000 元。

编号 9542，3.7×2.7×1.3cm 18g，罗光明 南红玛瑙清廉挂件，成交价 12000 元。

编号 9543，12 粒 128.8g，南红玛瑙手串，成交价 28000 元。

财神（柿子红、玫瑰红），叶海林作品，参考价 20000 元人民币（图片提供 善上石舍）

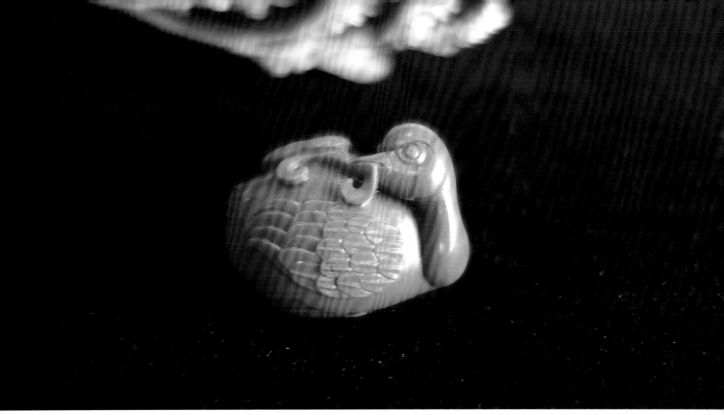

我如玉，参考价 8000 元人民币（图片提供 善上石舍）

编号 9544，3.9×1.6×1.9cm 13g，罗光明 南红玛瑙小红伞挂件，成交价 15000 元。

编号 9545，6.2×4.2×2.6cm 82g，柴艺扬 南红玛瑙贵妃戏鹦把件，成交价 18000 元。

编号 9546，高 3.5cm 40g，刘仲龙 南红玛瑙水注，成交价 10000 元。

编号 9547，4.1×2.7×1.4cm 20g，罗光明 南红玛瑙小蜗牛挂件，成交价 15000 元。

编号 9548，5.4×2.7×0.6cm 22g，罗光明 南红玛瑙暗香浮动挂件，成交价 52000 元。

编号 9549，4.1×2.2×1.0cm 12.5g，侯晓锋 南红玛瑙弥勒挂件，成交价 32000 元。

编号 9550，6.1×2.9×3.4cm 62g，南红玛瑙妙笔著春秋把件，成交价 12000 元。

编号 9551，108 粒 126g，南红玛瑙佛珠，成交价 15000 元。

编号 9553，4.3×2.4×2.0cm 46g，葛洪 南红玛瑙金蟾挂件，参考价 55000~70000 元，成交价：62000 元。

编号 9557，108 粒 163g，南红玛瑙珠链，成交价 12000 元。

编号 9559，3.4×2.4×1.2cm 19g，罗光明 南红玛瑙百合挂件，参考价 32000~45000 元，成交价 32000 元。

编号 9560，5.0×4.1×1.9cm 67g，豆中强 南红玛瑙守护佩，参考价180000~250000 元，成交价 180000 元。

编号 9563，108 粒 86.7g，南红玛瑙珠链，成交价 12000 元。

编号 9566，4.8×3.4×1.8cm 37g，罗光明 南红玛瑙花香入梦挂件，参考价 35000~50000 元，成交价 35000 元。

编号 9568，4.0×2.8×1.8cm 44.6g，南红玛瑙兽钮印章，参考价32000~45000 元，成交价 50000 元。

编号 9569，88 粒 250g，南红玛瑙珠链，成交价 8000 元。

编号 9571，尺寸不一 14g 13g 16.5g，刘仲龙 南红玛瑙三不摆件，成交价 18000 元。

编号 9572，56 粒 70g，南红玛瑙珠链，成交价 12000 元。

编号 9575，3.7×3.0×1.3cm 22g，罗光明 南红玛瑙大家闺秀挂件，参考价 25000~35000 元，成交价 32000 元。

编号 9576，3.2×2.6×1.0cm 11.6g，刘仲龙 南红玛瑙旭日东升挂件，成交价 10000 元。

编号 9581，145g，南红玛瑙佛珠，参考价 30000~50000 元，成交价30000 元。

编号 9584，4.1×3.2×1.8cm 31g，罗光明 南红玛瑙母爱挂件，参考价25000~35000 元，成交价 25000 元。

瑞兽，李栋作品，参考价 15000 元人民币（图片提供 善上石舍）

姑苏阙影雕件 黄文中作品（图片提供 善上石舍）

编号 9588，9.7cm，高（不含底座）421g，南红玛瑙秋林觅句山子（云南保山原料），参考价 150000~200000，成交价 150000 元。

编号 9590，9.2cm，high 190g，刘仲龙 南红玛瑙访友图山子，成交价 62000 元。

编号 9592，4×3.4×1.8cm 32g，刘仲龙 南红玛瑙沁芳挂件，成交价：15000 元。

编号 9593，3.7×2.4×1.2cm 29g，刘仲龙 南红玛瑙青荷挂件，成交价：20000 元。

编号 9603，4.2×2.7×2.0cm 33g，南红玛瑙仕女挂件，参考价 25000~40000 元，成交价 25000 元。

编号 9599，3.8×2.7×1.0cm 17g，南红玛瑙观音挂件，参考价 22000~35000 元，成交价 22000 元。

编号 9596，108 粒 160g，南红玛瑙佛珠，成交价 12000 元。

编号 9604，长 5.8cm 8.4g，刘仲龙 南红玛瑙龙带钩，成交价 8000 元。

编号 9608，226g，南红玛瑙佛珠，成交价 10000 元。

编号 9636，6×3.6×3cm 84g，刘仲龙 南红玛瑙荔枝把件，成交价 20000 元。

编号 9635，4.5×2.4×1.2cm 21g，刘仲龙 南红玛瑙凤穿牡丹挂件，成交价 18000 元。

仙剑情缘，罗光明作品，参考价10万元人民币（图片提供 善上石舍）

编号9633，3.8×3.2×1.5cm 23g，刘仲龙 南红玛瑙博古龙挂件，成交价20000元。

编号9632，6.4×3.2×2.1cm 62g，刘仲龙 南红玛瑙富贵有余把件，成交价12000元。

编号9627，6.1×2.7×2.1cm 47g 南红玛瑙观音挂件，参考价30000~40000元，成交价30000元。

编号9626，3.5×2.7×1.3cm 16.3g，侯晓锋 南红玛瑙弥勒挂件，成交价28000元。

编号9625，长2.8cm 8.4g，长4.8cm 22.5g，刘仲龙 南红玛瑙俏色寄居蟹，成交价8000元。

编号9624，4.5×3.1×2.1cm 39g，刘仲龙 南红玛瑙福禄寿挂件，成交价12000元。

编号9623，4.5×3.5×3cm 58g，刘仲龙 南红玛瑙君子多福把件，成交价10000元。

编号9620，108粒157.2g，南红玛瑙珠链，成交价22000元。

编号9619，7.6×2.8×1.0cm 33g，南红玛瑙鹤如意挂件，参考价25000~40000元，成交价28000元。

编号9618，5.5×3.0×0.8cm 24g，罗光明 南红玛瑙细语挂件，参考价42000~60000元，成交价42000元。

编号 9617，4.9×4.3×2.3cm 61g，南红玛瑙富甲一方壶，参考价 18000~30000 元，成交价 18000 元。

编号 9614，9.8×6.5×3.6cm 132g，豆中强 南红玛瑙双灵水呈，参考价 240000~350000 元，成交价 240000 元。

编号 9612，3.7×2.9×2.0cm 34g，南红玛瑙和合二仙挂件，参考价 18000~30000 元，成交价 18000 元。

编号 9611，3.7×2.1×2.2cm 22g，南红玛瑙送财童子挂件，参考价 12000~20000 元，成交价 14000 元。

编 号 9610，4.0×2.7×2.2cm 30g， 南 红 玛 瑙 四 灵 佩， 参 考 价 10000~20000 元，成交价 12000 元。

编号 9609，李仁平 南红玛瑙美猴王挂件，参考价 35000~50000 元，成交价 35000 元。

童年，罗光明作品，参考价 25000 元人民币（图片提供 善上石舍）

2014 年南红玛瑙拍卖风向标

❀ 最受欢迎的拍品价格在 1~3 万元

北京博观国际拍卖有限公司。在 2014 年 4 月 20 日南红玛瑙雕刻艺术精品专场，有几位知名大师作品在此展示拍卖，也是今年南红市场价格的一个风向球。总计有宋世义、罗光明、侯晓锋、杨小荣、王洪鹰、黄文中、叶海林、刘海、王朋、李栋、黄杨洪、范同生、张和冰、凤缘传世的拍卖作品 76 件。

拍卖价一万元占了 23 件、两万元占了 18 件、3 万元占了 9 件、4 万元占了 3 件、6 万占了两件、8 万元的一件、9 万元的两件，流标约十三件。大多都是有底价，且底价超过四万者。也包含两件原石都流标。最高价罗光明的南红玛瑙《秋忆》得标价 92000 元。杨小荣《荷叶仕女》摆件 92000 元。宋世义南红玛瑙《青衣》82000 元。侯晓锋南红玛瑙《全家福（三只小猪）》60000 元。王洪鹰南红玛瑙瑞兽 65000 元。从拍卖的单价分析，最高得标未超过 10 万元，这是一个心理关卡，也是一个指标，只要这一个关卡突破，就会创出各种纪录。

几位常见大师作品，并没有预期热烈抢标，甚至有部分作品流标，可见这场拍卖的公正与客观性，非坊间小拍卖公司哄抬价钱。最受欢迎的价钱停在 1~3 万元中间，表示南红在短时间内尚未能超过白玉的地位。这一年多来，外面抢原石屯料的心态需要调整。一般不知名气的雕件，动则超过一两万，少则大几千，在这场拍卖会上，几件没有署名的作品就占了好几件。这可以显示一般消费形态，喜欢找知名雕刻大师作品收藏。

❀ 雕刻大师名气摆在第一位

今年四月这场拍卖，收藏家的心态大多还是保守的，雕刻大师名气摆第一位。其次是材质与创意题材。个人最近走访许多南红贩卖点，许多雕件都开价超过两三万，光这点就值得收藏家去思考：要如何选择找性价比高，且未来有升值潜力的雕刻作品，而不是像无头苍蝇乱买一堆。如果名家作品在一两万，与不知名作品相较下你自己如何拿捏，除此之外好料好工与好创意仍然是挑选南红雕件的不二法则。网站里面有详细照片与拍卖资料，读者应该多看多分析，除了鉴赏好工艺外，也可以提升自己的判断力。很多人也问我自己喜欢收藏哪类作品，我对仿古龙纹角杯与仕女图、吉祥如意等寓意都比较喜欢。

4 南红你我他

爱上南红之前，请先细品它的韵味

"山上多危崖，藤树倒罣，凿崖迸石，此玛瑙之上品，不可猝遇。"此段文献，摘自著名的《徐霞客游记》，正是这位大探险家途径云南保山地区时所见南红玛瑙的妙境。

我是在 2011 年瑞丽、腾冲市场学习时偶闻除黄龙玉外，云南地区再现国内炙手可热的珍品"南红玛瑙"。起初只对这"南红"的称谓心生好奇，一业内好友向我述道，南红，那南瓜肉的红色，是类似红翡的深邃，却不失风韵的橙红色调，就是上品。

南红玩家 陈喜操

而后一位当地好友辩道，早在战国时期古滇国的南红珠是扁圆多棱珠，似南瓜形，由此得名。当时出于好奇这南瓜红究竟有何等威力，引得众说纷纭。便向当地加工厂老师傅请教，方知此宝生于悬崖峭壁之上，开采十分困难，需要利用炸药爆破。由于裂隙发育较猛，脆性强，加工更考究，均需雕刻工龄 10 年以上的师傅才能驾驭得住，如徐霞客纪实般，甚是难得。顿时兴致昂扬，细心端详察觉，南红的肉质似翡翠的糯，肤质又如和田玉般温润而泽，油然而生对南红的爱，便收藏了几块，虽说不上藏世珍品，却是随缘佳纳，孰料如今南红市场一发不可收拾，便望而生畏。

幸得恩师汤惠明机缘，诚献朋友：勿因市场趋势而爱上南红玛瑙，请您先细品它的韵味。

陈喜操 / 文

保山柿子红珠链配绿松石蜜蜡

仿杨树明老师名作 风雪月中人

个人藏品 川南红 莲年有鱼

川南红背面 雕刻鹦鹉 意英明神武

川南红正面 雕件雕刻的是佛的第四个儿子狻猊，意寓驱邪纳福

工厂原料 保山南红，大的为水南红，小的
正南红

工厂原料 川南红

工厂原料 保山正南红

"红"运当头——南红收藏小议

在名著《红楼梦》中，省亲之夜为大观园各处题名的描写，给年幼的我留下了深刻的印象。为迎接元春省亲而建造的大观园中，宝玉的住所即名"怡红院"；元春后命小辈为各处题咏起赋，怡红院的赋词中便出现了"怡红快绿""绿蜡春犹卷，红妆夜未眠"等字句。

之所以在本篇开头引入这段描述，在于这便是我初次接触南红时，其美丽在我脑中产生的第一份

北京翠湉湉珠宝会所董事 Grace ZHU

联想——大家般的富贵万千。谢谢敬爱的汤老师，在《行家这样买翡翠》之后，再次给予我宝贵的机会，和大家分享我对南红的浅见。

关于南红的收藏及价值，每位藏家都会有自己的真知灼见。在上一本书中我也提过，我个人的看法是遵从性价比高的原则。这个原则仍被我运用于南红的挑选与收藏，即：首先明确自己的预算，在此基础上优选料工平均的作品。

我挑选石头的另一个方法是倒推法，即理清逻辑顺序。因此，南红是什么就成为我们首先应该了解的内容。南红属于玛瑙的一种，是由二氧化硅（SiO_2）沉积而成的一种隐晶质石英，摩氏硬度约为 7 左右（根据产地不同其硬度会有略微差异），多呈颜色红润的半透明及油脂光泽。南红的命名与其在我国出产的地域有关，其主要的产地包括云南保山、甘肃迭部、四川凉山等。新近在辽宁阜新和朝阳交界地区也发现了一个红缟玛瑙的矿，因其颜色、纹路同战国时期出土的红缟玛瑙相似，所以被称为"战国红"或"北红"，与"南红"相对应。

关于南红的历史及其价值等，民间有着广泛的说法，在此不一一叙述。我认为，无论哪种石头，都有极品，都会出好东西，因而都具有收藏

的价值。这个"极"包含两个层面，一是料好，二是工好。以下我重点从这两个层面谈谈南红的收藏。

❀ 南红的料

"料"更科学的说法，应该是指"质地"。南红玛瑙因地质环境、矿态不同，呈现出不同的外观，可分为：水料南红、山料南红、火山南红等；业内的常规分法，多按颜色区分：如锦红、柿子红、玫瑰红、朱砂红、红白料、缟红料等；也有以地域命名的分法，如保山料、联合料等。

南红被越来越多的藏家及珠宝爱好者认可的原因，首先不得不说和其美丽的颜色有着密切的关系。在中国的传统文化里，红色历来代表吉祥如意，寄寓着中国人渴望安定幸福和辟邪消灾的期盼，很多时候也被认定为帝王色。本篇开头引用的文章片段，也充分说明了自古以来，汉文化传统对于大红大绿永恒的热爱。南红的色质恰好满足了国人这一审美认知：呈现出丰富的不同层次的红艳，质地细腻，在视觉上即可感受到其温润透明的胶质特性。我个人并不局限于认定什么红是最好，只要整体视觉效果

柿子红弥勒佛吊坠

好，无论哪种红都可以呈现出独特魅力。另外，南红也被认定为"佛教七宝"之一，寄托着人们的祈福情愫。因此南红无论是作为配饰或者收藏，都有着赏心悦目的效果。

由于南红玛瑙是多晶体，因此在料子本身上会出现玛瑙特有的缟纹状环带纹路；又因为它是天然的，颜色未必会完全均匀。这两点固然可以成为辨别其真伪的特征之一，但一旦上升到收藏的层面，我们会希望其色质更加均匀。料子本身色质越均匀越大越完整，其收藏价值越高。对于广大的收藏爱好者而言，囤积很大很多的好料子未必现实，但拥有一块色质均匀、工艺又好、自己看着欢喜的个人藏品，不但可行，也同样具有保值增值的空间。

❀ 南红的工

俗话说"好料配好工"，一块好南红展现出的艺术价值也成为影响其收藏价值的因素之一。前面提到，南红由于其天然性及晶体特性，会呈现丰富的色彩和独有的纹路。好手艺有经验的师傅，在面对这样的色彩及纹路时，可以"有的放矢"，或保存精华升华成为艺术品的一部分，或摒弃糟粕使艺术品本身更加具有整体性。这部分的手艺是抽象的，全靠个人的艺术天分和经验累积。国内在雕刻方面的大家，有擅长人物的，有擅长器皿的，有擅长花鸟件的……各家都呈现出强烈独特的艺术风格，这份"唯一性"就成为收藏级别南红的另一保障要素。名家制作的南红收藏品，会从料性、颜色、形状等出发，最大限度地发挥料子本身的特性，设计出符合这块南红独有的唯一题材；再加上刀工娴熟、线条流畅，题材合理吉祥，造型富有寓意，使其具备极高的艺术价值。

在工料俱佳的基础上，我们的南红收藏品从长远角度来看，价值必然越来越高。收藏品涨幅越大，主人自然"红"运当头！

Grace ZHU/ 文

柿子红弥勒佛吊坠背面

柿子红弥勒佛系一户侯工作室出品

与南红邂逅属一见钟情

初次接触南红玛瑙是在朋友的店里，一开始就被它的纹理及颜色所深深地吸引！

南红的纹路十分锐利，像丝带一样的纹理一半一半，所有的纹路转折时都有明显的角度，惊叹大自然的造物之奇特！

南红玛瑙颜色多样且色彩层次丰富！这种纯天然的丰富变化让人着迷！南红玛瑙的颜色鲜艳，质地细腻，质感为胶质，那种油润感给人一种朦胧美！色泽沉稳厚重，符合中正典雅的气质，加上朱红色在传统文化里驱邪避祟的功用，它又散发出几分古朴神秘的气息！

南红爱好者 乔玉

了解到南红玛瑙被佛教认为有着特殊的功效，也是最具疗效的宝石之一，对消化系统、肠胃有效的调理，可平衡正负能量，消除精神紧张及压力！它是少数男士喜爱及佩戴的宝石之一，当然我认真地挑选了一款适合我先生佩戴的吊坠，希望他身心健康！

乔玉 / 文

柿子红南红戒指

南红珠链、手串、戒指全套搭，是不是中国风美到爆

如果你错过帝王绿

如果你错过帝王绿，错过羊脂白，就不要再错过柿子红。这句话是我在给一个吧友的回帖里写的，现在被很多人引用，我感到很荣幸。回想我玩南红到现在已快半年了，帝王绿便宜的时候，没钱也不懂，唯一留下的就是老公给我买的一个手镯。羊脂白便宜的时候，就买了一块白玉籽料和一块

资深南红玩家 朱蕾

青玉籽料，因为没有仔细研究不敢贸然入手，等明白点了只能看着标价几十万的东西眼馋。这些是曾经几千、几万摆在我面前，而我错过的东西。遇到柿子红，价格还算便宜，一块料几百上千，但是还没有沉浸其中，只是感叹，这小小红石头挺美的，雕出来的东西很出彩，比别的材质都漂亮。真正沉溺其中是春节期间，莫名其妙就沦陷了，从一百一颗的破原石开始，变得胃口越来越大。

很多人和我一样，一开始被柿子红迷人的颜色吸引，以至越陷越深。我因为喜欢柿子红，决定要开始雕刻，以至把我的全部业余时间和全部的爱和全部的私房钱全奉献给了柿子红，也许开始是怕错过柿子红，但是慢慢的我觉得其实我只是想身处这其中。

很多人会问我，你觉得南红以后会怎样，我不知道它的未来。你很在乎吗？如你不是深爱，只为了它表面的浮光和它给你带来的赶时髦的荣耀，可能会很在乎。行情涨涨落落，万事万物都是一样的，和田玉涨到现在的遥不可及也不是一路高歌，房价的绝尘而去也有一个大跌作为中间的整理，你说呢。看好的就继续拿着，继续买，不看好的就远远地欣赏下，以后说起南红也算曾经的旧相识。

熟悉我的人说我喜欢某种东西，都有些要死要活的劲。大学的时候喜欢雕塑，外出看到一堆一文不值的胶泥，会脱下外套把它们兜起来带回家，会熬夜去练习，会放弃已经拥有的一切租一个小破院子烧陶。到现在的南红，我依然没有改变自己性格里面的某种东西，这个其实叫执着。我

没有想南红会升值给我带来什么财富，没有想雕刻好成名成家。其实脑子里很简单的固执的想法就是，喜欢。别人的喜欢可能就是要拥有一件自己喜欢的东西，我的喜欢是要这个东西是我做的，仅此而已。但是，当我这种喜欢拿出来和大家分享的时候，我发现我获得了更多的东西，友谊、支持、欣赏、知识，以及技能的提高，这些人生的经历比金钱更可贵。自从我爱上南红，我的生活变得更加有声有色，理想也更清晰，这个是柿子红带给我的。柿子红般的友谊更是叫我欣喜，圈内的朋友会在我生日的前一天陪我熬夜直到凌晨纷纷送来祝福，会和我分享他们淘宝的愉快，会在我新作品诞生的第一时间发来评价，会在我病时关心我，太多太多了，谢谢你们，生命因你们精彩。

对柿子红的追求叫我理解了老公的爱好，我们之间更加和谐，我们会经常对牛弹琴般地互相说自己的爱好和圈子，但是依然微笑着倾听。柿子红的雕刻，叫我沉溺其中，虽然辛苦但是依旧甜蜜。爱，不必计较太多，当很多年过去以后，回首这段时光，我为因为爱上柿子红而自豪，因为这里面有我。

朱蕾 / 文

南红最吸引我的就是它的迷人的柿子红

错过了羊脂白，可别再错过柿子红

一次偶然的滇西之旅，朋友突然提议去"挖宝"，传说有村民挖到了南红玛瑙，顿时大家面面相觑，个个心动不已，而我却被南红这个字眼带回到一段模糊的记忆中。

南红爱好者 景浩宇

十多年前，学生时代的我闲暇时喜欢逛昆明的花鸟市场，鉴赏各种奇石珍宝，虽然不是行家，但那种神秘而复古的气息一直深深的吸引着我，一位留着大胡子的古董店掌柜看我面善，在多次进店之后，拿出一串红玛瑙珠子说："你买下这个，纯天然的，价钱又便宜。"看他的神态，听他的声调，我犹豫了片刻，便戴在了腕上。透亮的红橙色，更衬托出我的手型与肤色，而且，它不大不小正合适，仿佛是专为我打造的。宝石是极具灵性的，戴了一段时间，我的玛瑙珠子显得越发光亮红润。昆明的空气清新明澈，蓝天下的光泽与玛瑙交相辉映，白云的轻柔与玛瑙的厚重相得益彰。我对天然的东西有着一种莫名的亲切感，我感觉玛瑙在手腕上是如此的熨帖，如此的灵动，这就是我的第一件玛瑙。南红玛瑙寓意着吉祥、喜庆、富贵、好运，被誉为鸿运之石，也被视为平安护身之石，它的能量，有着沉厚、安定及柔和的特性。

我一路回忆我与南红的往事，一路跋山涉水，翻山越岭，不知不觉已走出尘嚣的闹市，来到了人迹罕至的大山深处，当时的我已然忘却了脚下的泥泞和满身的疲惫，决定用自己的双手去披荆斩棘，探索大自然的奥秘。

地势坤，君子以厚德载物。根据易经注解：中国西南边陲，地大物博，承载万物。也许是生活在此的缘故，从小对玛瑙、翡翠、宝石、木材情有独钟。当用锄头刨开厚实的黄土，露出一抹赤红，我眼前一亮，埋藏了一路的好奇心换来了一阵欣喜的狂吼！一颗尘埃一菩提，把这大自然的恩赐捧在手掌心时，顿感这已无关价值，无关收藏，感慨大自然的鬼斧神工之余，就是发自内心的喜爱。喜爱那红润纯正、沉稳大气的色泽，喜爱那体如凝脂、质厚温润的触感，如若再有大师雕琢，必是集天地灵气日月精华于一身的圣物，人间哪得几回玩？

天上紫霞原幻相，路边泉水亦清流。能与这埋藏在深山峡谷中的红精灵相遇，是缘。隐约听见朋友在感叹：每个人，命中注定有一块玉，或温润如君子，或幽婉若淑女！错过了祖母绿，错过了羊脂白，可别再错过柿子红……

　　（在此对本书作者表示崇高敬意，不为名利，不是炒作，只是为了分享和传递自然之美！）

景浩宇 / 文

景浩宇滇西挖宝剪影

爱上或因偶然，或无缘由

英国著名的中国科学技术史学家李约瑟说："对于南红的爱好．可以说是中国文化的特色之一。"为什么这么多的人喜欢南红文化呢？南红玛瑙有着自己的历史渊源，独有的天然红色，在玛瑙家族中属于贵族，被誉为玛瑙中的钻石。呈现玉的温润、油脂感、凝脂感。独有的红色，媚而不俗，艳而不娇。中国人天生就喜欢红色，真可谓是深入骨髓。南红在中国有着多种意义。女娲补天的神话，儒家以用南红、佩戴南红养德，以南红的温润，

南红藏友 廖羚伊

外表与内敛均具有含蓄之美，道教也说玉可以养生、长生，然而民间用南红，大多与情爱和鉴赏有关，或为定情信物，或作为传家之宝，或是把玩鉴赏之用。历代玉工巧思，使顽石含情，玉石生辉，所琢磨的南红艺品，成为中国人的最爱，也形成了中国人特有的南红文化。崇尚红色是五千年中华文明的传统。古人认为红色源于太阳，因为烈日如火，所以中国人的

南红玛瑙孩童吊坠，可见缠丝状纹路

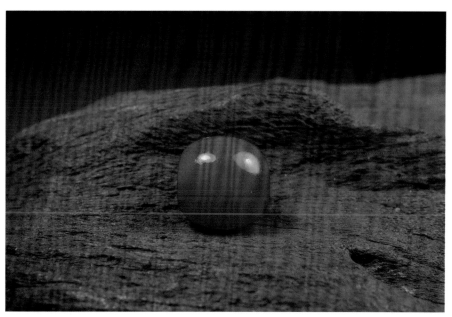

樱桃红南红玛瑙珠子

祖先，对阳光有一种本能的依恋和崇拜。他们早知道只有在红色的太阳照耀下，万物才能生机勃勃。在这种文化背景下，红红火火的红颜色就自然而然地产生了喜庆和吉祥之意。因为喜欢红色，便赋予了"红"以美的含意。

自然界中天然的红色宝玉石本来就少，红宝石太昂贵又没办法雕刻、红珊瑚质地较软又很容易被侵蚀，南红的出现正好解决了人们对红色宝玉石的需求。它本身有着很好的润泽度和厚重感，颜色美观，适合雕刻加工。

"体如凝脂，精光内敛，质厚温润，脉理坚密。"虽说描述的是和田玉，但也可以借鉴来评判南红。南红与普通玛瑙的一个显著不同，就在于普通玛瑙鲜亮光明、光泽外射，而好的南红是温润的，有特殊的胶感和厚重感，质感类似玉石。

爱玉人往往不会只爱一类玉石，不同种类的玉石皆有自身突出特有的玉质，爱上只因某个因素、或者根本就无任何理由。南红夺目耀眼、厚重沉稳的端庄红色具备这样的特质，瞬间能让人难以释怀。

廖羚伊 / 文

南红玛瑙鼻烟壶

让人魂牵梦绕的南红

第一次"遇见"南红是通过耳朵，"南红"这两个字有一种思念的味道。可能是因为有句话叫"红豆生南国"的缘故吧。老会让人觉得南红是像相思豆那样的饰物。第二次真正"遇见"南红就是通过眼睛了。眼睛看到的南红与听到和想象出来的南红完全不一样，她虽是中国红，但她红得却不张扬，像极了中国人的品质——温润。她如翡翠一般细腻，在我看来绿色有翡翠，红色就数南红了。她还有一种神秘莫测的感觉，每一块

云南昆明电视台《金玉满堂》栏目责编 凌语谦

石头都不一样，每一块石头都有故事，每一块石头都需要你细细品味。南红的浑厚、温润、低调与她的颜色产生了极大的反差，她不耀眼却总能让人记住，她不张扬却总能脱颖而出。

我个人比较喜爱珠链、戒面和雕件。特别是红色的饰物，让人看起来温暖。而南红就恰恰满足了我各方面的需求。拿南红来做戒面，举手投足间都是一种自信，她不像红宝那么耀眼，让人一眼看穿，她会让人来读懂它。拿南红来做珠链，她不像翡翠珠链那么惹眼，让人有距离感，她会让人靠近它。拿南红来做雕件我认为那是世界上除了翡翠以外最好看的东西了。不论雕成何种主题，她更加丰满更具有故事性。南红不止是财富的象征更是内涵的体现。

现代社会有钱人越来越多，但每种有钱人的活法却大相径庭。有的人可能会开着跑车喝着香槟戴着金项链；有的人可能会戴着闪耀的钻石和宝石穿梭于各种酒会；而也有一些人是穿着低调但讲究品质的衣服，戴着一些高品质的饰物在做一些有意义的事。而我个人认为翡翠、和田玉和南红就比较符合第三种人的气质。

我做珠宝节目有五年之久，对各种宝石的了解和热爱也达到了一定的程度。前几年一直热衷于翡翠，见到就魂不守舍，想要拿下，可是高昂的价钱却让人望而却步，翡翠在普通消费者心中真的只可远观不可亵玩，随着越来越猛烈的炒作，好的翡翠被纳为"高端"翡翠，而这些所谓的"高端"货也成了有钱人的玩意，离普通老百姓越来越远。南红的出现我觉得真的是极好的，不论从材质、美观、收藏、送礼、价值各方面来看都是仅次于翡翠后不错的选择。不过近几年开始南红也不幸或有幸地被开始拿出来炒作，现在随便一串好一点的手珠都要卖到上万元。所以现在收藏和投资南红应该是最佳时机。

我爱南红的浑厚、我爱南红的温润、我爱南红的神秘，她的样子总是让人看了又看，她的品质总是让人魂牵梦绕。

凌语谦 / 文

南红的内敛正契合了知性女人追求古典美的趣味

红色看似张扬，实则在孜孜不倦地传达着经久不衰的高贵与优雅

无关升值

　　云南玩家大多喜爱翡翠，玩翡翠。但南红玛瑙的出现让我们这些翡翠玩家有了更多的选择。作为南红玛瑙的业余玩家，对其了解认识也不过两个年头。初识南红，是在2011年，去逛翡翠店铺，看到了一抹红色，被她的美丽吸引，经询问商家才知道这叫作南红。那时候昆明市面上几乎没有专营南红的商家，大多是在翡翠玉石店里兼卖南红玛瑙，但是数量较少，品质不高。

　　最初时候，因为被南红的美丽冲昏了头，确实吃药不少，曾经以8000元价格买到一件质地通透，朱砂点稀少，光芒四射的南红玛瑙。当时欣喜若狂，认为捡漏。但随着对南红玛瑙的深入了解，特别是认识了本书作者之一刘涛后，才知道是吃了药。云南的朋友因为大多把玩翡翠，所以受翡翠赏玩因素影响较大，都认为质地越通透的南红越是好南红。然而恰恰相反，南红的欣赏更多偏向和由玉范畴，讲究的是质地细腻、宝光内敛，追求的是胶质感和色彩纯正，类似翡翠的蛋清种和糯种才是南红好的质地。

　　因为本人爱折腾，所以更喜爱淘南红玛瑙原石，看到价格适中、质地

实力派南红玩家　龙永

结实（果实）雕件，瓜果长势正好，藤蔓茂盛缠绕，意寓成就、丰足，朝气蓬勃

细质的，就入手。然后联系雕刻师傅，商定原石方案后，开始加工。然而由于选石经验有限，最初的尝试，效果都远未达到期望值，成品大多成为次品或者废品，以亏损告终。但随着选石经验的丰富，慢慢也尝到了成功的喜悦，当然钱也烧了不少。我的感受就是南红玛瑙原石赌性很大，仅次于翡翠，没有两年选石经验，建议还是买明料或者成品来着划算。另外说一下工费的事情，现在好的工都以克论价，每克50至100元之间是我认为比较能接受的工价，当然名家工费不在此列。但要记住一点，好工好价钱，好料一定配好工。

由于玩南红我的朋友圈不断扩大，认识的朋友多了，眼界也就提高了，鉴赏南红的能力也在不断进步。这就是我的南红缘，无关升值，只因那一抹红色之美。

龙永/文

冻料观音雕件，观音面部恰好通透润泽，有福光普照、加持护佑一说

怒目罗汉

珍宝，只因自己的感觉而动

在两年前和一个朋友去逛古玩市场，我的朋友比较喜欢文玩饰品并对一些老珠子有些偏爱，在市场上一个青海人的摊位上，他花了很高的价钱购买了一些不规则的红色小石头，我很是不解，他却告诉我捡到漏了，这是老南红勒子，云南保山料的，很是罕见，市场潜力很大。

过了几天，我无意中在论坛里面看到一个帖子，一个人将南红原石磨成珠子，做了一串手链拿出来炫耀。我很好奇地点开看了。红色的颜色非常艳丽，就这样我被这红色"石头"

珠宝从业者 黄靖玥

吸引住了。经常在论坛上看看，有时间就到古玩市场、商场等一些有南红饰品的地方去转转，也买了一些相关书籍看看，积累一些知识。在和朋友交流过程中不断提及南红并给他们讲述一些相关知识，很多朋友要我帮他们购买南红。

在不断的学习和实践过程中，我也收藏了很多南红产品并积累了很多经验，现在分享给大家。

什么样的南红好，时常有朋友问到，基本每种藏品，都会有人问这样的问题——什么样的最好？其实，这个最初级的问题，却有着最复杂的答案。就料子的类别来说，只能说什么样的料子受市场追捧，更贵一些，却断然不敢说什么样的料子最好。下面说说个人在收藏南红过程中的一些体悟，仅代表个人的见识，不当之处，恳请师友、同行指点。

南红有三种料得到公认，分别是保山料、甘南料和凉山料，当前市面最广泛的是凉山料。

不管是保山料、凉山料还是甘南料，上品的南红作品必须满足这样的特点：一、完整性。即不能有裂和杂质，料子不完整的话，再好的材质都会失掉美感。二、质地要润，不能有明显的石性，握在手里，要有脂感。三、颜色要匀，最好是一口气的料子，尤杂色。如果是一口气的玫瑰红或者锦红，那就更不得了。从稀缺性的角度讲，这样的料子是最贵的。但是色彩是主观的东西，牵扯到不同的审美，因人而异。有两种颜色同时存在的料子也可以很棒。四、工要精。精工让普通的料子价值猛增，普通工让人缺乏兴趣，烂工完全是毁了料子。收藏南红作品，千万千万要避开工粗的作品，哪怕料子非常棒。须知道，料子价格会有波动，但艺术是永不贬值的文明。对于一个作品，要综合考量以上四点。总的来说，在料子完整的前提下，工是第一位的，颜色看个人喜好。好的料子，润感和脂感都到位的话，哪怕不是纯色的一口气料子，也会非常有美感。因此看到工精，同时润感和脂感都到位的作品，要果断拿下。

最后说下颜色，南红有很多颜色，玫瑰红、锦红、柿子红、缟红、朱砂红、胭脂红、红白甚至还有棕色、乳白色等等。就什么颜色的南红好这

南红玛瑙算盘珠手串，色泽沉郁，红色较浓，脂感和润感都很好

联合料珠链，红色较浅，质地通透。但是谨记南红首选红色深，质地不透的珠子

个问题，仅就个人喜好而言，我更喜欢色泽沉郁、有厚重感的玫瑰红，还有一看就有满目喜庆的锦红色。我个人不喜欢那种市面上被滥用的所谓"柿子红"，不知道最初柿子红是被用来形容哪种颜色，但现在常有人管看上去红不红黄不黄的颜色称作"柿子红"，还拿个甜柿子做对照，这个颜色我相当不看好，南红的名气绝对不是靠这个颜色打出来的。

　　总而言之，在收藏南红的时候，不要听什么保山料还是凉山料，最可靠的是自己的眼睛，一件东西，只有一眼望去让人心生喜悦之感继而想要珍藏的时候，才能算得上珍宝。如果看上去很普通，没有喜欢的感觉，哪怕它有再唬人的产地和身份，都无须理会，千万不要在不喜欢的情况下，认为性价比高而去买一件有"名贵身份"的东西，精品通常性价比都不高，极品就完全不能讨论性价比了，又便宜又"好"的东西，通常会有问题。

黄靖玥 / 文

永恒的时尚关键词：红

红色是复杂的色彩，我们向着它的喜悦、吉庆而来，在浓郁鲜艳中好像看到生命律动的节奏。红色也用来形容红颜，青春丽人，每个成长渐趋衰老的女人心中不变的梦，愿在自己喜欢的人心中永远是那个正当好时候的体态与容颜。因而又带了一点点伤逝的色彩。

但是我喜欢红色，因它醒目、灼热，让人感到充满激情。我有一件正红色绸缎布与棉布拼接的长袖衫，虽然没怎么穿过，

珠宝爱好者 杜瑾嬖

但当情绪低落的时候我就会穿上它，仿佛在温习更年轻时候的青春热血与激情四射，还有罗曼蒂克。

红色是可以让冬天变得温暖的颜色。当我在潘家园第一次见到南红玛瑙的时候就是这种感受。那天的确太冷了，但那些纯红靓丽的珠链和各种小雕件泛着暖洋洋的光，戴在手腕上，顿时跳出了整个青灰萧条的季节。

红色是农历新年的色彩，预示万象更新；是国旗的色彩，代表荣耀；是红地毯的色彩，也意味着奢华与尊贵。因而会戴南红的女人普遍较知性、低调、对美有自己独特的认知与理解，并且孜孜不倦。她们在红尘滚滚之中仍能偏安一隅，不卑不亢，用自己独有的方式热烈地绽放着。

杜瑾嬖 / 文

马到成功雕件，细看花生于马蹄下面，有没有 "乱花渐欲迷人眼，浅草才能没马蹄" 的意境

红白料鹦鹉吊坠反面

柿子红南红玛瑙蛋面，超大颗。戴南红戒指更多是在营造一种含蓄、优雅的文化气场，于不动声色中绽放惊艳

钟馗捉鬼的南红巧雕鉴定证书

战国红水滴状吊坠

战国红橄榄珠手串，有的有飘花，有的有火焰
纹，每个都独具特色，非常特别

最爱那一抹让人心醉的中国红

在中国，红色象征着喜庆、吉祥和热情，每到农历新年的时候，全世界每一个有华人的角落都会充满了中国红的身影，从对联、剪纸，到新衣、红包无一不是大红的颜色。在世界人民的眼中，红色早已经成为了代表中国代表华人的颜色。我是一个疯狂喜欢宝石的中国人，在宝石的世界中，红色的宝石有很多，像红宝石、尖晶石、碧玺、石榴石、红纹石等等，但是它们大多是单晶质宝石，戴在身上总觉得缺了那么一点儿含蓄的味道。直到南红出现在面前，我一下喜欢上了这一抹让人心醉的中国红。也许是冥冥中祖先的庇佑，鲜艳的南红宝石戴在身上的时候，总是有好事情在我身边发生。我爱宝石，尤爱这抹独一无二的中国红。

欧阳健美（图为保山南红弧面宝石18K金镶钻套装：戒指和吊坠）

欧阳健美 / 文

凉山南红 10mm 直径圆珠 108 佛珠，配珠：蜜蜡、青金石

保山南红弧面宝石 18K 金镶钻套装：戒指和吊坠

凉山南红雕刻挂件《善恶一念间》：利用深浅红色在一块南红原石上界限分明的自然过渡制作的巧雕作品。挂链：玳瑁算盘珠。雕刻师：河南南阳李彬。

让玉石脱下厚重的历史外壳

徐帆，涟漪堂的堂主，同济大学硕士，80后建筑师，珠宝设计师。

朋友们爱叫我"帆帆"或者"帆妈"，被闺蜜们戏称是"有温暖感的才女"，喜欢打打香，弹弹琴，画个图，拍拍照，到处走走。帆帆从小在家庭的耳濡目染下，对玉石有着浓厚的兴趣。硕士毕业后，又在同济大学辅修了珠宝玉石鉴定课程。6岁起学习美术，通过自己20多年的艺术修养和同济大学7年多的专业设计素养，成立了为国内外的顾客朋友定制

涟漪堂的堂主，80后建筑师、珠宝设计师 徐帆

时尚玉石珠宝——涟漪堂（FannyXU Jewellery Design Studio）。涟漪堂的珠宝采用一对一的专业定制服务，在三年时间内，以精准的设计时尚定位和国际化的设计视野为100多位顾客定制了超过300多件珠宝。涟漪堂旨在创造适合中国新一代年轻人佩戴的有中国传统内涵的时尚玉石珠宝，让玉石脱下厚重的历史外壳，走入年轻人的日常生活中。

❀ 南红"好事连连"花丝戒指

第一眼看到这颗可爱的莲花裸石时，就想起小时候过年时，除夕夜里一大家族一起过年的场景。伴着噼噼啪啪的爆竹声，爸爸妈妈爷爷奶奶忙着张罗年夜饭，我们一群小朋友围坐一圈，打闹嬉笑。我每年都会在这天，照着厚厚的画册书，拿着大红笔，一笔一画地画着喜庆的年画，然后将年画贴在家门口。莲花、鲤鱼，是每年我最爱画的题材。妈妈说，莲花意味着"好事连连"！于是，在这个戒指的设计中，采用了同样有着怀旧味道的京燕八绝之一的"花丝嵌镶工艺"，材质上也采用了925银做旧的手法。南红温润的红配上老银低调的黑，不见闪耀的钻石却同样奢侈隆重的气场，是这个花丝戒指最大的亮点。

"好事连连"花丝戒指

❀ 南红"和鸣"吊坠

与好事连连配套的项链。同样以莲花作为主题，但与戒指不同的是项坠的莲花上还趴着一直憨态可掬的青蛙，取意"和鸣"。帆帆搭配了绿色的松石算盘珠作为顶珠，醇厚的绿搭配鲜艳的红，色彩的碰撞，加大了小坠子强大的气场。红色玛瑙加上手工编织可调节长短的链绳，充分考虑不同季节的不同佩戴需求。

❀ 南红"信仰"手串

白岩松说，带手串的人都是有信仰的。喜欢背包到处旅游的帆帆曾在满眼斑驳的大城古庙里，面对一排排被砍去佛头的佛像前，问自己，什么是信仰？据说手串起源于佛教，持用珠串是籍以珠串约束身心，帮助修行，消除妄念。南红张扬的色彩，却选择了最传统最矜持的圆珠形态，张扬又有些内敛。这个手串有些"人气"。人啊，总是有贪念的，信仰可以帮人遏制贪念，"知足"方能"长乐"。

❀ 南红"笑口常开"项链

佛是帆帆最爱的题材。"笑口常开"说来容易，可在真实生活中，有多少人每天能开怀一笑的？工作、生活的各种压力如影随行。帆帆刚毕业那段时间，和所有刚踏上社会的同学们一样，被残酷的现实冲击得几近崩溃。帆帆每次感到撑不住的时候，都会拿出玉佛，看着弥勒佛的笑脸，心里会一下子平静舒服很多。这也许就是所谓的"正能量"吧！这条南红"笑口常开"弥勒佛项链，坠子的弥勒佛手持灵芝，弯弯的笑眼仰望星空，面相喜庆，憨态可掬，栩栩如生。链子采用温润的黑檀木珠搭配雅致的红色景泰蓝桶珠，整条暖色系的链子充满了满满的正目！为人们带来快乐，我想，这是所有珠宝最基本但同时也是最高的要求！

徐帆 / 文

"笑口常开"项链

南红和鸣吊坠

南红信仰手串

我只爱你的独一无二和今生过往

起初对于南红的认识，仅仅是基于朋友对她的诉说。生日那天，从朋友手中接过礼物，竟然是朋友专门为自己雕琢了一块"英明神武"鹦鹉挂件，从此对于南红就有了一丝缘分、一丝喜爱和一丝钟情。南红质地细腻、颜色温润，由无数个点阵朱砂聚集而成的红色，给了古人无数的遐想，据说是莲花生大士入藏降魔之时，所杀十万魔鬼之血渗入地下形成的，而后成为了"佛教七宝"之一，人们敬畏她、喜爱她、把玩她，不仅仅是由于她与生俱来的那一抹殷红，更是缠绕百转千回的故事。

南红爱好者 张樱

我的"英明神武"应该有她的故事，她不似少女的美那样凌厉，不似贵妇那样雍容，她更像一位少妇，经历了风霜，却不失花样的年华，那样优雅、深邃和神秘。她似守护一段至死不渝的爱情、又似等候来生的有缘人。

南红福茄吊坠

她好像在诉说一个故事，英俊威武的"马贼"看上了温文尔雅的少女，少女为报仇而来，马贼不知，以为是上天注定的缘分，他们在形似鹦鹉的大树下海誓山盟、生生世世，结婚后才了解了两家的宿世仇怨。马贼全家因此而死，只剩马贼一人独活世间，他心痛不已，决定了却尘缘，削发为僧，日夜独守一座破旧的庙宇。少女为其动情，后悔不已，决定以死明志，相约来生，以树为引。千百年后，马贼已死，唯有魂魄留在鹦鹉古树之中，而少女却轮回了百世，他与她从未相见，却一直在树下守护，看到了少女模

英明神武南红吊坠

样如初从未改变，却早已失去几世的记忆，唯有那棵鹦鹉树见证了历史沧桑，续写着千百年的爱情传说。

恍然之间，我才发现这个故事好像对朋友说起，原本并无在意，朋友却在生日之际送上南红雕刻的鹦鹉，似乎这一切就如故事那样巧合，脖子上的南红象征着千百年的爱情守护，只为等待那位前世无缘、今生相见、来世相守的人。南红原本无太多的意义赋予它，能工巧匠用他们的智慧把故事雕琢于玉石之中，让这一抹赤红镌刻更多的雨雪风霜和风花雪月。

人们常说也许这就是缘，可能这也是我和南红的缘，对于她的物理特性一概不知、对于她的市场价值关心甚少，唯一关注的是她的独一无二，她的源远流长和她的今生过往……

张樱 / 文

附录

珠宝权威进修机构

名称	课程介绍	报名及联系方式	网站	著名教师（师资力量）
中国地质大学（武汉）珠宝学院	**宝石鉴定、商贸类课程：** GIC 宝石基础课程 GIC 宝石证书课程 GIC 翡翠鉴定师课程 FGA 宝石证书课程（英国） GIC 珠宝首饰评估课程 GIC 翡翠商贸课程 **首饰工艺类课程：** GIC 首饰设计师（手绘）课程 GIC 电脑首饰设计师课程 GIC 首饰制作工艺师课程 GIC 宝石琢型设计及加工课程	报到地点：中国地质大学（武汉）珠宝学院学苑珠宝学校办公室（珠宝楼 304 室） 地址：武汉市洪山区鲁磨路 388 号中国地质大学（武汉）珠宝学院 邮编：430074 电话：027-67883751 67883749 （传真：027-67883749 87482950） 联系人：董夏 谢俊毅 E-mail：gic@cug.edu.cn	http://zbxy.cug.edu.cn/	**宝石系：** 杨明星、袁心强、包德清、尹作为 **首饰系：** 张荣红、卢筱等
中国地质大学（北京）珠宝学院	英国 FGA 基础课程及证书课程、宝石鉴定课程等	北京市海淀区学院路 29 号 邮编：100083 办公电话：82322227	http://www.cugb.edu.cn	余晓艳、白峰、李耿等
北京北大宝石鉴定中心	**珠宝鉴定师（GAC）基础班培训** 矿物学、岩石学、矿床学专业 **硕士研究生课程进修班**（矿产资源管理方向、珠宝学方向） **珠宝玉石鉴定培训班**（兴趣班）	北京大学新地学楼（逸夫二楼）3711 室 联系电话：010-62752997、 　　　　　13910312026 唐老师 QQ：1159422357（北大珠宝培训） Email：pkugem@163.com	北大珠宝教育培训网 http://www.pkugem.com/	欧阳秋眉、崔文元、王时麟、于方
同济大学宝石学教育中心	宝石学概论、宝玉石鉴定与评价、宝玉石资源、珠宝鉴赏、中国玉石学等课程 英国宝石协会会员（FGA）资格证书班、同济珠宝鉴定证书班、TGEC 宝玉石鉴定师资格证书	上海市闸北区中山北路 727 号（靠近共和新路）博怡楼 703 电话：65982357 联系人：陈老师 马老师	http://www.tjgec.net/	廖宗廷、亓利剑、周征宇等
南京大学继续教育学院	珠宝鉴定及营销培训班 珠宝玉石首饰高级研修班	江苏省南京市汉口路 22 号南京大学南园教学楼二楼 邮编：210093	http://ces.nju.edu.cn/	
北京城市学院	（珠宝首饰工艺及鉴定） 首饰设计	北京市海淀区北四环中路 269 号 邮编：100083	http://dep.bcu.edu.cn/xdzyxb/	肖启云
FGA 课程	**珠宝首饰类培训：**翡翠鉴定与商贸课程、珠宝玉石鉴赏培训班，首饰设计与加工制作培训班，珠宝鉴定师资格证书（GCC）培训班，HRD 高级钻石分级师证书课程，和田玉的鉴赏与收藏培训班，贵重有色宝石的鉴别和评价	联系人：许宁 电话：13810974486		许宁

名称	课程介绍	报名及联系方式	网站	著名教师（师资力量）
北京工业大学耿丹学院	产品设计专业	北京市顺义区牛栏山镇牛富路牛山段 3 号 邮编：101301 电话：010-60411788	http://www.gengdan.cn/	林子杰、张伟
石家庄经济学院宝石与材料工艺学院	产品设计（珠宝首饰方向） 首饰工艺学、宝石镶嵌工艺、宝石加工工艺等 宝石及材料工艺学 珠宝首饰基础、宝石鉴定技术、有色宝石学、钻石学、宝石工艺学、首饰工艺学等	河北省石家庄市槐安东路136 号 邮编：050031 电话：0311-87208114	http://www2.sjzue.edu.cn/sjyzs/index.asp	
四川文化产业职业学院文博艺术系	珠宝首饰工艺及鉴定专业 钻石鉴定与分级、宝石学、宝石鉴定仪器、宝石鉴定、珠宝市场营销学	成都市华阳镇锦江路四段399 号 邮编：610213 院办：028-85769208 招办：028-85766716、85769752		
广州番禺职业技术学院珠宝学院	珠宝首饰工艺及鉴定专业、珠宝鉴定与营销专业、首饰设计专业	广东省广州市番禺区市良路 1342 号珠宝学院 邮编：511483 电话：020-34832885	http://zb.gzpyp.edu.cn/	
华南理工大学广州学院	宝石及材料工艺学专业 宝石学、宝石鉴定原理与方法、宝石琢形设计与加工、首饰鉴赏等	华南理工大学广州学院 邮编：510800 电话：020-66609166	http://www.gcu.edu.cn/	赵令湖、张汉凯
深圳技师学院	首饰设计与制作 珠宝鉴定与营销	深圳市福田区福强路 1007号招生就业处 电话：0755-83757355 83757353 传真：0755-83757353	http://www.ssti.net.cn/main/	
桂林理工大学地球科学学院	宝石及材料工艺学 宝石学、宝石工艺学、首饰工艺学、珠宝市场及营销等	桂林理工大学材料科学与工程学院 电话：0773-5896672 邮编：541004	http://departs.glut.edu.cn/zhx/index.html	冯佐海、付伟
昆明理工大学材料科学与工程学院	宝石及材料工艺学专业 珠宝鉴定、玉器设计与雕琢工艺技术、首饰设计及加工工艺技术、珠宝市场营销	云南省昆明市学府路昆明理工大学教学主楼 8 楼 邮编：650093 电话：0871-5109952 邮箱：clxyxsb@163.com	http://clxy.kmust.edu.cn/index.do	祖恩东、邹妤
瑞丽国际珠宝翡翠学校（中国地质大学网络教育瑞丽学习中心）	珠宝玉石鉴定与设计 珠宝玉石鉴定与营销 珠宝玉石鉴定与加工	云南省瑞丽市姐告边境贸易区国门大道76 号（姐告大桥下 100 米） 邮编：678700 电话：0692-4660661 邮箱：4667858@qq.com QQ：1571382654	http://www.zbfcxx.net	彭觉（缅甸）、王朝阳
新疆职业大学传媒与设计学院	宝玉石鉴定与加工技术	乌鲁木齐北京北路 1075 号 邮编：830013 电话：0991-37661112	http://124.117.248.6:82/cmysjxy/default.html	阿西卡、张文弢

阿汤哥短期彩宝进修班

这两年时间，本人受邀于各大学珠宝学院、电视与杂志媒体、各地珠宝学会、金融机构单位、各地珠宝会所等进行演讲与教学。毕竟不是每一个对珠宝有兴趣的朋友都有时间去学四年珠宝鉴定与花半年时间考鉴定师资格。很多朋友只是想单纯了解如何买宝石才不会买到假的，怎样才能买到性价比高的宝石，如何提升自己的宝石鉴赏能力，了解选购宝石的误区、宝石流行趋势与选购注意事项，以及珠宝投资项目与管道，提升珠宝投资风险与收藏鉴赏能力。金融机构也想通过宝石投资理财讲座，来帮助 VIP 客户作更多理财规划，珠宝会所想透过珠宝流行趋势与投资演讲来经营回馈客户群，珠宝杂志与学会是要让读者与会员了解更多珠宝新知识与消费讯息。

有鉴于此，阿汤哥就针对不同族群提供每场 2~3 小时的演讲，或者 2~5 天的短期珠宝、翡翠研习营。希望通过面对面沟通，对更多广大珠宝爱好者有更全面的帮助。对于想进入珠宝行业与想收藏投资珠宝的学员，则每两个月举办一期 8 天泰国曼谷彩色宝石经营研习班。通过教室学习与珠宝市场经验交流，就能帮助他们在短时间内对珠宝领域有全面的了解。

❀ 泰国曼谷彩宝经营研习班

许多人学完珠宝鉴定课程，对于珠宝种类与珠宝价钱还是完全不了解，对于未来工作与创业更是迷茫。许多年轻学子缺乏资金，想创业不知所措，也有许多人退休后与朋友合伙或自己创业却不知道如何开始。首先这是在学校鉴定老师没有办法教您的，另外缺乏这样的学习管道，因而珠宝行业投资创业对很多人来说都是摸索之路。没错，读万卷书，不如行万里路。也只有勇敢踏出第一步，才能够往珠宝开店买卖逐步靠近。

课程安排主要让您在一周内分辨 50~80 种贵重与常见宝石，了解宝石质量好坏、如何挑选，各种宝石市场销路分析，不同宝石切割形态与等级，批发市场行情分析，宝石优化处理种类与实务教学，看懂 GRS、GIA 彩色宝石鉴定证书内容，宝石的切割与研磨过程，宝石加热处理方式等。每天强迫自己看将近上万颗宝石，学习宝石买卖术语，买卖双方进行杀价心理战，学员之间学习经验互动交流，宝石选购后交流与优缺点点评，在短短七八天时间，让学员耳濡目染，打通宝石任督二脉，这是最直接也最快捷的方式。

有关于各种教学演讲与潘家园淘宝半日游、泰国彩宝经营研习班的时间与消息请私信，或关注微博 @ 阿汤哥宝石或加微信：t1371203421（阿汤哥的宝石派）。

❀ 斯里兰卡彩宝游学团

主旨：校外教学、宝石研习

游览地：科伦坡 Colombo（斯里兰卡首都）—贝鲁沃拉 Beruwela（最热门的宝石交易中心）—拉塔那普拉 Ratnapura（宝石城）—加勒 Galle（全国最大的月光石矿所地）

通过校外教学了解斯里兰卡这个世界主要彩宝产地，尤其是蓝宝石、帕帕拉洽（莲花刚玉）、粉刚、红蓝宝星石、亚历山大猫眼石、亚历山大石都是让人为之垂涎。矿区参观主要了解宝石的开采过程，包括拉塔纳普拉 Ratnapura（宝石城）蓝宝石矿与位于南部的加勒 Galle（全国最大的月光石矿所在地）。

学员也可以参观宝石加工切磨过程，了解宝石最原始的加工过程。蓝宝石加热处理，如何将牛奶石变成蓝宝石。另外对于开店做生意的朋友想第一手拿到宝石的朋友，可以在贝鲁沃拉 Beruwela（最热门的宝石交易中心）与拉塔那普拉 Ratnapura（宝石城）挑选到心仪的宝石与原矿。

难得的私人景点，阳光沙滩与海景，等候大家一起与阿汤哥老师前往朝圣，对于学珠宝的朋友一生至少要去一次的宝石学习之旅。出团时间请随时加入阿汤哥微信：t1371203421。

本书作者汤惠民（右）、刘涛（左）合影，2014 年元月摄于昆明长水国际机场

宝石研修班教学剪影

笔者介绍各种宝石，包括红宝石、蓝宝石、亚历山大石猫眼，利用不同的光源观察亚历山大石变色的情形。

笔者正在向学员介绍翡翠，如何观察皮壳，判断里面颜色和裂纹多寡。

笔者在示范如何用放大镜观察宝石，这是最基本的操作，观察宝石里面的内含物。

辽宁阜新产的战国红玛瑙原石，被切开后可以很清楚地看到里面的橘红色的纹路。

学员们把翡翠去做切割设计。

笔者在教学生观察翡翠有没有裂纹，然后根据观察情况看如何做成成品。

学员在参观雕刻师傅制作翡翠摆件。

在翡翠公司参观，有许多各式各样的原石，学员可以非常仔细地观察。

在亮马桥珠宝古玩城，学员看到红蓝宝石，纷纷拿出手机进行拍照。

汤惠民清华大学宝石收藏家研修班

一、主讲教授：汤惠民

汤惠民 台湾大学地质研究所硕士，台湾第一位研究翡翠的研究生。从事翡翠、宝石批发及零售近 20 年，深入中国、泰国、缅甸等国家和地区珠宝市场，清晰把握整个亚洲地区的珠宝市场的脉搏，具有深厚的珠宝鉴别功力，堪称亚洲地区顶级珠宝专家。现任台湾矿业最高审核机构标准技术委员，《行家这样买宝石》《行家这样买翡翠》作者，《芭莎珠宝》《奢侈品中国》《翡翠界》《中国珠宝石周刊》等栏目专家。

王月要 台北市美仪协会造型师，世界华商珠宝十大杰出女性，第五届美仪公主选拔评委，中国珠宝玉石首饰行业协会理事，台湾创意珠宝设计师协会创会理事长，世界杰出华商珠宝企业家协会副会长，王月要国际珠宝有限公司艺术总监。

林芳朱 1992 年成立朱的宝饰 Chullery，曾获上海美术工艺礼品设计赛一等奖，曾受邀于新加坡 Esplanade 国家艺廊珠宝设计展、故宫"皇家风尚—清代宫廷与西方贵族珠宝"特展。与台北"故宫博物院"双品牌合作成为第一位品牌授权珠宝设计师，推动"博物馆珠宝"理念，被誉为博物馆珠宝设计师，受央视《美玉人生》纪录片专题采访。

二、课程设置：

	学习模块	课程内容
1	彩色宝石投资与收藏	宝石的产地与种类
		宝石市场（拍卖）变化与发展趋势
		彩宝拍卖投资需注意事项
		收藏通则（颜色、切工、净度、重量、产地、优化处理）
		购买渠道与证书
		五大宝石及其他宝石收藏指南
2	翡翠投资与收藏	翡翠的定义、种地分类与标准
		翡翠拍卖市场变化分析与发展趋势
		翡翠的投资收藏要领
		翡翠仿冒品及 B、C 货解析
		翡翠购买技巧及渠道介绍
		翡翠收藏投资市场分析
		翡翠名师作品鉴赏
3	钻石的投资与收藏	钻石的主要成分与基本性质
		钻石的产地
		钻石的 4c
		钻石的证书与报价表
		钻石挑选诀窍
		钻石的投资与拍卖
4	珠宝设计理念解析与鉴赏	世界与中国珠宝设计理念
		设计师如何成功打造珠宝品牌
5	彩宝、翡翠、钻石收藏实践	潘家园淘宝（翡翠、琥珀、青金、南红、彩宝、白玉）
		亮马桥古玩城（翡翠、彩宝、钻石）
		虹桥珠宝城等（翡翠、白玉、彩宝、钻石、琥珀）

三、开课日期： 2014 年 1 月 17 日—2014 年 1 月 20 日

四、学习安排： 每两个月上课 1 次，一次 4 天一次 3 天，共 2 次，总计 7 天；感受原汁原味的清华校园生活；授课地点：清华大学、知名博物馆、珠宝城、艺术馆等（泰国、台湾、广东游学为选修课程）

五、招生对象： 致力于彩宝、翡翠、钻石收藏鉴定鉴赏投资的成功人士和社会精英，对彩宝、翡翠、钻石具有浓厚兴趣的收藏爱好者。

六、学费标准： 培训费：16800 元 / 人，由河北清华发展研究院统一收取，并给学员开具国家行政事业单位财政统一收据。交通费、食宿费自理。将培训费统一汇到河北清华发展研究院指定账户。

七、证书颁发： 学完全部课程并考核合格后，由河北清华发展研究院颁发统一编号的"清华彩宝、翡翠、钻石鉴赏设计与投资收藏专修班"结业证书，供人事组织部门用人参考。

八、报名及缴费方式：

户名：河北清华发展研究院

账号：010 9035 2400 1201 1111 6155

开户行：北京银行清华大学支行

附言 / 用途：清华彩宝、翡翠、钻石鉴赏设计与投资收藏专修班

十、联系方式： 电话：010 - 62701939 手机：13661002664 联系人：金老师

Training Courses
培训课程

同济大学宝石学教育中心
Gemology Education Center of Tongji University

TGI 同济宝石 | TONGJI UNIVERSITY 1907

基础
课程类　　●宝石学基础教程

特色专题
课程类
●翡翠鉴定师课程 4天
●和田玉鉴定师课程 3天
●钻石鉴定师课程 11天
●红蓝宝石鉴定师课程 3天
●有机宝石鉴定师课程 4天
●印章石鉴定师课程 3天

证书
课程类
●热点宝玉石鉴定师课程 4天
●珠宝首饰评估课程 6天

※以上TGI培训课程均可任意选读

TGI 同济大学珠宝鉴定师资格证书 评估师资格证书

　　TGI创建于1999年，最初由同济大学宝石学教育中心适应中国国情而创建的鉴定师资格证书培训课程。2010年起在同济大学宝石及工艺材料实验室的参与下，课程开始持续跟踪市场新宝玉石品种和新作伪工艺，并设立更多的包括市场考察在内的课内外实践环节，强调学员的实战能力。目前共设翡翠、和田玉、钻石、红蓝宝石、珍珠与琥珀等8个专题，周期短、针对性强，学员可任意选读，授课团队为目前国内唯一的国家级宝石学教学团队。时至今日，TGI已成为涵盖珠宝玉石鉴定和评估的体系健全的珠宝专业证书培训课程。

采用**20**人以下小班制教学
7000余件标本
理论与实践课程**1:1**

市场实战训练环节

全球罕见。并有多名学生先后获得英国宝石协会设立的Tulley、Trade等各项国际大奖。课程考核合格者，可在英国宝石协会的官方网站及同济大学官方网站查询。

　　FGA是英国宝石协会和宝石检测实验室（Gem-A）认证会员的简称，创建于1908年，是世界上最古老和权威的珠宝鉴定师资格证书，并在全世界通用。同济大学宝石学教育中心目前是华东地区唯一获英国授权的FGA函授点和考试点。目前本中心已有400余人次以优异的成绩通过考试，高达96%的累计通过率为

证书培训课程颁证仪式

英国宝石协会珠宝鉴定师资格证书 FGA

2013年同济大学珠宝校友会（FGA & TGI）

地址:上海市中山北路727号　邮编:200070　电话/传真:(8621)65982357　　Address:727 North Zhongshan Road, Shanghai　Post Code:200070　Tel/Fax: (8621)65982357

师资

为目前中国唯一一支国家级宝石学教学团队。TGEC课程师资更是均须经严格筛选，必须持有国际/国内权威宝石鉴定师或珠宝首饰评估师等各类高水平专业资格证书，双师型教师比例达100%，先后获各类表彰35人次，拥有多名教学名师。

科研

同济大学宝石及工艺材料实验室致力于多学科交叉研究，以为彩色钻石、红宝石、碧玺、琥珀、田黄等全球热点疑难鉴定问题提供解决途径。2000年实验室通过国家计量认证。

教学

中国唯一负责主编全部三本"十一五"国家级宝石学规划教材的机构，其中两本为优秀教材一等奖教材。中心现有1门国家级精品课程、2门省重点课程，获国家级最高级别教学成果奖数量更是占全国2/3。

FGA

同济大学宝石学教育中心（Tongji Gemological Education Center）成立于1993年，是中国最早从事宝石学教学的专业机构。1993年与国际权威宝石教育机构Gem-A（英国）合作，负责组织FGA的培训和考试，20年来共培养了500余名FGA，并始终保持着FGA累计通过率96%以上的良好记录，多名FGA学员获Trulley、Trade、Christine等奖项。

HRD

HRD Antwerp经典课程之一，课程使用HRD Antwerp全套海外设备及钻石样本。主讲教师来自HRD Antwerp教育部，课程采用全英语教授并附中文同声翻译，学员参加严格、系统的理论与实践培训后，通过钻石分级课程理论和实践考试者，将获得"HRD Antwerp认证钻石分级师"证书。

TGI

最初由同济大学宝石学教育中心参照中国国情而创建的鉴定师资格证书培训课程。课程持续跟踪市场热点宝玉石的鉴定，分翡翠、和田玉、钻石、红蓝宝石、有机宝石（珍珠、琥珀等）、彩色宝石等多个为期4~7天的短训课程。2013年起增设了珠宝首饰评估课程和收藏家课程。时至今日，TGI已成为涵盖珠宝玉石鉴定和评估的体系健全的专业培训课程。

报名电话 02165982357　欲获得更多课程信息请关注我们的微博和微信公众平台

宝石鉴定机构证书

中国国家鉴定机构与证书

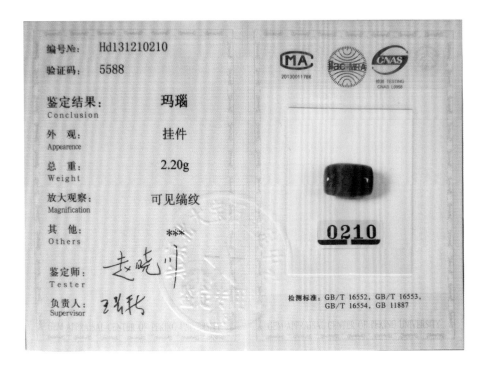

编号№:	Hd131210210
验证码:	5588
鉴定结果: Conclusion	玛瑙
外 观: Appearence	挂件
总 重: Weight	2.20g
放大观察: Magnification	可见缟纹
其 他: Others	＊＊＊
鉴定师: Tester	
负责人: Supervisor	

检测标准: GB/T 16552, GB/T 16553, GB/T 16554, GB 11887

0210

珠宝玉石首饰鉴定证书
Identification Certificate Of Gems & Jewelry

PLC12275

检验结论: Conclusion	玛瑙手链
总质量: Total Mass	17.1217g
形状: Shape	圆球状
颜色: Color	橙红
贵金属检测: Precious Metal	—
放大检查: Magnification	隐晶质结构
备注: Remarks	配石未测
检验人: Tester	审核人: Supervisor

检验依据
Normative References
GB/T 18043 GB 11887
GB/T 16552 GB/T 16553

20131121   99921480

This certificate only relates to the sample referred to within.
Photocopy, reproduction and alteration are invalid.

本证书仅对送检样品负责,翻印、复制、涂改无效。

国家珠宝玉石鉴定证书

珠宝玉石鉴定证书
Identification Certificate Of Gems & Jewelry

国 家 认 证
北大宝石鉴定中心

地址：北京市海淀区北京大学新地学楼3438室
邮编：100871   网址：www.pkugac.com
电话：010-62755676, 62759084

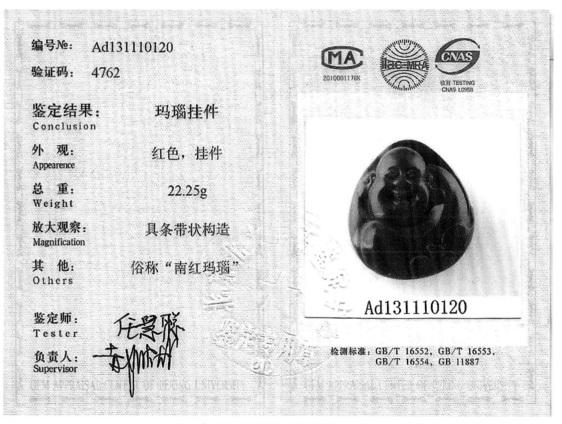

编号№：	Ad131110120	
验证码：	4762	
鉴定结果： Conclusion	玛瑙挂件	
外 观： Appearence	红色，挂件	
总 重： Weight	22.25g	
放大观察： Magnification	具条带状构造	
其 他： Others	俗称"南红玛瑙"	
鉴定师： Tester		
负责人： Supervisor		

Ad131110120

检测标准：GB/T 16552, GB/T 16553,
GB/T 16554, GB 11887

北大珠宝玉石鉴定证书（图片提供　于方）

中国港台地区鉴定机构与证书

亚洲宝石学院及鉴定所－莫伟基院长

美国 GE 合成硬玉
©AGIL Dominic Mok
莫伟基－亚洲宝石学院（香港）

亚洲宝石学院及鉴定所翡翠鉴定证书

亚洲宝石学院及鉴定所翡翠鉴定报告

吴照明鉴定证书内容

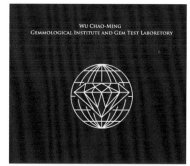

吴照明

吴照明鉴定证书

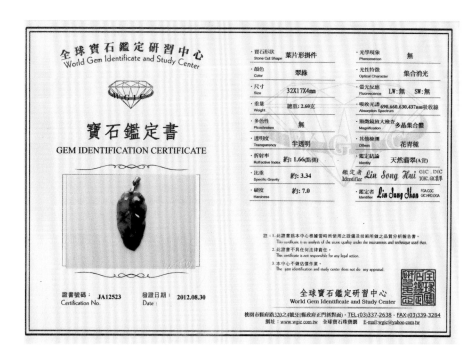

林嵩山 中国台湾标准检验局矿业标准技术委员会委员、宝石协会理事长、GIC 创始人和培育者；全球宝石鉴定研习中心总鉴定师、北京大学（地球与空间科学学院）客座讲师

林嵩晖 全球宝石珠宝网站长／大汉技术学院珠宝技术系兼任讲师／全球宝石鉴定研习中心专任鉴定师／全球宝石鉴定研习中心专任珠宝讲师 &GIC 翡翠讲师／台湾天主教医师协会会员

高雄国际宝石鉴定中心—吴舜田

吴舜田鉴定证书展示

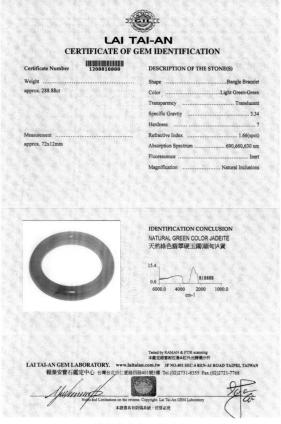

赖泰安

赖泰安鉴定证书内容

致 谢

能够有这本南红玛瑙的书问市，真是个奇迹。最主要得力于我的伙伴半山兄跨刀相助，刘兄多年来在市场、产地与颜色分类等方面的观察令笔者佩服万分，与多位南红雕刻大师熟识，让这书变得更有内涵。有人说打铁趁热，消费者最想要知道的，阿汤哥就会义不容辞努力去扮演好推动宝石教育的工作。再次感谢铁粉支持"行家这样买宝石（翡翠、碧玺）"等系列作品，市面上也陆续有出版社推出相似雷同的作品或书名，意味着行家比专家来的有说服力。

今年十月到天津讲学，看到自己的作品《行家这样买翡翠》在小摊上与书店出现盗版，一则以喜，一则以忧。喜的是自己的书被盗印者肯定，忧的是消费者也不知道自己买到的是冒牌货。写书是良心事业，也是非常残酷的行业。作者要经过严格考验，内容编写得不好，不对消费者胃口，没有买气，作者自然而然就会被冰冻起来。一本书出版，是要经过选题通过，评估市场销售量与前景，也就是不做没有把握的事。

有人说我是"雪神"，每次到北京采访就遇到下雪。感谢席祯、《翡翠界》杂质叶剑，还有北京潘家园副总师俊超老师，三位先进百忙中抽空帮本书写序，有贵人挺力相助，读者想必就会增加许多信心。

感谢紫图图书万总与黄总大力支持，副总冉老师与郑玮总监日常生活上的照顾。感谢曹丽莉总监在媒体宣传上的努力。机场发行兰志梅老师，非常感谢您，把最好的位置留给我。这本书的催生婆、编辑一部李媛媛主任，您积极催生，这本已经是第四胎，我没计划生育，会不会被罚款啊。也先恭喜您今年步入礼堂，双喜临门。文字编辑申蕾蕾，您"弃儿不舍"加班赶工，有了翡翠的经验后，果断承接本书，勇气可嘉，只能用本书销售业绩拟补亏欠了。还有美术总监李景军老师，每次都到印刷场监印校色，真的令我很感动。张海军老师，这么漂亮的封面，非找您操刀不可。美编聂静，老是麻烦您修改调动照片，您却没动怒一次，我得好好请你喝喝咖啡。淘宝网的威海，宣传胡丽姣，当当、京东、亚马逊的柴清泉帅哥，活动一次比一次办得好，恭喜您也要即将步入礼堂。谷磊、刘慧、金东东，感谢大家出力帮我预备宣传工作，因为书实在太重了。

感谢书中提供照片的所有厂商（石舍、永昌南红、追唐等），国内重量级的雕刻大师李仁平、侯晓峰、罗光明，知名且权威的鉴定所与教学机构（北大鉴定机构、国检、清华大学、中国地质大学等），南红你我他的铁粉们（乔玉、陈喜操、Grace ZHU、朱蕾、景浩宇、凌语谦、廖羚伊），有您的支持相信本书更接地气。清华大学提供那么好的场地，可以让更多想学珠宝的朋友，进入珠宝的奇幻世界。

一千万句感谢，还是要感谢所有支持"行家这样买宝石"系列丛书的铁粉，肝胆相照，你挺阿汤哥一次，我就更卖力地写您想看的珠宝系列书籍，阿汤哥不是圣人，也不是专家，也会有疲倦疏漏的地方，每次都是热心读者透过来信给我指正，我给大家一千分，忠心祝福新的一年都能心想事成，马到成功。

最后把这本书献给我的家人，希望大家也能爱你们的家，家和万事兴，您说是吗？

2013 年 12 月于台北

参考文献

汤惠民 . 行家这样买宝石第二版 [J]. 江西科学技术出版社，360 页，2013。
....

褚海波主编 . 惊鸿一瞥 [J]. 地质出版社，2012。

博观拍卖 . 王者归来（二）[M]. 2013。

☆ 推荐珠宝杂志

《中国首饰珠宝杂志》北京 010-51295558

《珠宝商情》台北 +886-2-25182846

《珠宝世界》台北 +886-2-27477749

《翡翠界》北京 010-65927808

《中国宝石》北京 010-58276035

《芭莎珠宝》北京 010-65871720

《中国翡翠》昆明 0871-3177621

图书在版编目（CIP）数据

行家这样买南红/汤惠民，刘涛著.
—北京：北京联合出版公司，2014.1
（名牌志系列丛书）
ISBN 978-7-5502-2598-5

I.①行… II.①汤… ②刘… III.①玛瑙—基本知
识 IV.①TS933.21

中国版本图书馆CIP数据核字(2014)第006285号

BRAND丨名牌志

行家这样买南红

项目策划　紫圖圖書ZITO®
丛书主编　黄利　监制　万夏

作　　者　汤惠民　刘　涛
责任编辑　李　伟
特约编辑　李媛媛　申蕾蕾
装帧设计　紫圖裝幀
封面设计　紫圖裝幀

北京联合出版公司出版
（北京市西城区德外大街83号楼9层　100088）
北京瑞禾彩色印刷有限公司印刷　新华书店经销
100千字　889毫米×1194毫米　1/16　19.5印张
2014年2月第1版　2014年2月第1次印刷
ISBN 978-7-5502-2598-5
定价：128元